W0035827

V&R

Handlungskompetenz im Ausland

herausgegeben von
Alexander Thomas, Universität Regensburg

Vandenhoeck & Ruprecht

Eva Neudecker
Andrea Siegl
Alexander Thomas

Beruflich in Italien

Trainingsprogramm für Manager, Fach- und Führungskräfte

Mit einer Abb ldung

Vandenhoeck & Ruprecht

Die 6 Cartoons hat Jörg Plannerer gezeichnet.

Bibliografische Information der Deutschen Nationalbibliothek

Die Deutsche Nationalbibliothek verzeichnet diese Publikation in der Deutschen Nationalbibliografie; detaillierte bibliografische Daten sind im Internet über http://dnb.d-nb.de abrufbar.

ISBN 10: 3-525-49069-0
ISBN 13: 978-3-525-49069-3

■ Inhalt

5

■ Vorwort

Jeder Deutsche kennt Italien und nicht wenige fahren seit Jahrzehnten zum Urlaub dorthin, womöglich immer an ein und denselben Ort, sind inzwischen mit Italienern befreundet und fühlen sich in diesem Land zumindest im Urlaub wohler als zu Hause. Deutschland und Italien sind auf den Ebenen Wissenschaft, Wirtschaft, Kunst, Architektur, Literatur, Mode, und Lebensstil seit Jahrhunderten eng verbunden und seit der Gründung der Europäischen Union haben sich die Beziehungen noch intensiviert. Als Außenhandelspartner liegt Italien auf Rang 4, sowohl was die Einfuhren aus Italien als auch was die Ausfuhren nach Italien betrifft. Die politischen Beziehungen waren seit dem Bündnis und der Trennung im Zweiten Weltkrieg höchst ambivalent, was aber der Liebe der Deutschen zu diesem Land keinen Abbruch tut. Italien ist für viele Deutsche gleichbedeutend mit strahlendem Sonnenschein, Meer, Strand, Kunst im Überfluss, mit der Leichtigkeit des Lebens und Nächten, die zum Tag gemacht werden.

Dem Leser sei schon an dieser Stelle empfohlen, vor der Lektüre sein eigenes Italienbild zu reflektieren und zu notieren. Er wird vieles davon im Buch wiederfinden oder neu entdecken.

Wenn Deutschen auch nicht alles an Italien und den Italienern gefällt, so überwiegen doch im Schnitt die positiv bewerteten Aspekte. Deutsche fahren nicht mit Sorge, Angst und Beklemmungen nach Italien, sondern in freudiger Erwartung. Wenn alles so positiv und noch dazu relativ vertraut erscheint, kann man sich mit Fug und Recht fragen: Warum sollen sich Fach- und Führungskräfte, die beruflich nach Italien gehen oder mit Italienern in Deutschland zusammenarbeiten, noch gesondert mit der Landeskultur auseinander setzen und auf die Zusammenarbeit vorbereiten? Es läuft doch alles von allein!

Die Zusammenarbeit mit Italienern am Arbeitsplatz und im Lebensalltag, und zwar so, dass sie erfolgreich und zufrieden stellend für beide Seiten verläuft, ist eben nicht dasselbe wie ein Strandurlaub in Italien, ein Essen beim Italiener oder die Schwärmerei für italienische Kunst und Musik, den italienischen Lebensstil. Die dabei gesammelten Erfahrungen sind auf spezifische Kontaktbereiche mit zum Teil klar festgelegten Rollenverteilungen und entsprechenden Verhaltensmustern beschränkt (z. B. Kellner – Gast, Käufer – Verkäufer, Gastgeber – Besucher, Schauspieler – Zuschauer). Gerade wenn man ein relativ festgefügtes Bild von Italien und den Italienern aufgebaut hat, ist es angezeigt, sich der charakteristischen Merkmale dieses Bildes bewusst zu werden und es auf die Verlässlichkeit zur Gewinnung einer zutreffenden Diagnose, Prognose und Attribution von Verhaltens- und Denkweisen der italienischen Partnern zu überprüfen, und das im speziellen Kontext der berufsbezogenen Begegnung. Nur so lässt sich eine Basis schaffen zum vertieften Verständnis, zur Akzeptanz und Wertschätzung der womöglich so gar nicht ins eigene Bild passenden, unerwarteten und ungewohnten Verhaltensweisen der Italiener am Arbeitsplatz in Italien oder in Deutschland.

Das hier präsentierte Trainingsmaterial ist zum Selbststudium und als Ausbildungsgrundlage im Rahmen interkultureller Trainings zur Vorbereitung auf die Zusammenarbeit mit Italienern geeignet. Es sensibilisiert für die Handlungswirksamkeit italienischer Kulturstandards, konfrontiert mit authentischen, alltäglichen, aus deutscher Sicht verwunderlichen, womöglich auch ärgerlichen Situationen mit Italienern, regt zum interkulturellen Lernen an und bietet eine Grundlage zum Aufbau von interkultureller Handlungskompetenz.

Es wäre zu schade, wenn durch Missverständnisse, Unbedachtheiten und aus einem Mangel an interkulturellem Verstehen gerade bei denen, die viel mit Italienern zu tun haben und in Italien leben, das so positive Italienbild beschädigt würde. Das Gegenteil ist wünschenswert und auch erreichbar, wozu das vorliegende Trainingsmaterial seinen Beitrag leistet.

Das Verhältnis der Europäer zueinander und auch das der Deutschen und der Italiener bot immer schon Anlass zum

Schmunzeln. So stellen sich Engländer den Himmel und die Hölle folgendermaßen vor:

»Der Himmel ist dort, wo die Polizisten Briten, die Köche Spanier, die Mechaniker Deutsche, die Liebhaber Italiener sind und alles von den Schweizern organisiert wird. Die Hölle ist dort, wo die Köche Briten, die Mechaniker Spanier, die Liebhaber Schweizer, die Polizisten Deutsche sind und alles von den Italienern organisiert wird.«

In einer anderen erdachten Episode rammt ein Kreuzfahrtschiff mit internationalem Publikum einen Eisberg und beginnt langsam zu sinken. Da die Rettungsboote klemmen, gibt der Kapitän den Befehl, dass die Passagiere unverzüglich die Schwimmwesten anlegen und von Bord springen sollen. Nach zehn Minuten kehrt der Erste Offizier verzweifelt zurück und meldet: »Keiner ist bereit zu springen, was sollen wir tun?«. Da geht der Kapitän selbst von der Brücke und nach weiteren zehn Minuten sind alle Passagiere von Bord. »Wie haben Sie das denn bloß gemacht?«, fragt der Erste Offizier erstaunt. »Ganz einfach, mein Lieber«, sagt der Kapitän, »den Engländern habe ich gesagt, es sei unsportlich, nicht zu springen, den Franzosen, es sei schick, den Deutschen, dies sei ein Befehl, den Japanern, es sei gut für die Potenz, den Amerikanern, sie seien versichert, und den Italienern, von Bord zu springen sei verboten.«

Jede Kultur, die eigene deutsche wie die fremde italienische, hat ihre Besonderheiten entwickelt, um mit den verschiedensten Situationen im Leben fertig zu werden. Diese zu erkennen und in gegebenen Kontexten kulturadäquat einzusetzen, bedeutet kompetentes interkulturelles Handeln.

Alexander Thomas

Einführung in das Training

Im Zuge der Internationalisierung und Globalisierung müssen sich viele Unternehmen auf eine intensivere internationale Zusammenarbeit einstellen. Immer mehr Fach- und Führungskräfte werden ins Ausland entsandt und begegnen in diesem meist fremden Handlungsfeld nicht nur auf politischer oder wirtschaftlicher, sondern vor allem auf zwischenmenschlicher und somit kultureller Ebene neuen Herausforderungen. Um den berufsbedingten Auslandsaufenthalt erfolgreich meistern zu können, ist es unumgänglich, sich nicht nur fachlich und sprachlich zu qualifizieren, sondern besonderes Augenmerk auf Kulturkenntnisse zu legen (Thomas, 1992). Eine ungenügende Auseinandersetzung mit den spezifischen Kulturmerkmalen des Gastlandes kann fatale Folgen für die Zusammenarbeit nach sich ziehen. Aus diesem Grund besteht insbesondere für international agierende Unternehmen die Notwendigkeit, sich verstärkt für die Entwicklung der Schlüsselqualifikation »interkulturelle Handlungskompetenz« zu engagieren.

Aufgrund der geographischen Nähe und historisch gewachsenen Vernetzungen unterhält Deutschland seine wichtigsten Handelsbeziehungen zu den innereuropäischen Ländern, in die auch die meisten Auslandsentsendungen erfolgen. Die deutsch-italienischen Beziehungen sind hierbei wegen der historischen Gemeinsamkeiten wie der späten Nationalstaatwerdung, der Mitgliedschaft in der Europäischen Union und der vielseitigen Kontakte, wie etwa dem Tourismus, besonders eng. Deutsche stehen mit rund 35 % an erster Stelle der ausländischen Besucher in Italien. Deutschland stellt für Italien den größten Handelspartner, vor Frankreich und den USA, dar. 14 % der Exporte gehen nach Deutschland und 18 % der Importe kommen aus Deutsch-

11

land. Deutschland stellt einen der sechs Staaten dar, die in Italien die höchsten Investitionen tätigen. Etwa drei Viertel der deutschen Firmen haben sich in Nord- und Mittelitalien angesiedelt.

Angesichts der Nähe zu Deutschland und der langen bilateralen Beziehungen beider Länder rechnen viele der mit Italien kooperierenden Unternehmen und auch die entsandten Mitarbeiter meist nicht damit, tatsächlich auf kulturelle Unterschiede zu treffen. Die hohen Abbrecherquoten bei Auslandsentsendungen, die generell in multinationalen, deutschen Großunternehmen bei durchschnittlich 13 % liegen und pro Fehlbesetzung das Drei- bis Vierfache des Jahresgehalts eines Mitarbeiters kosten (Brüch, 2001), legen die Vermutung nahe, dass die Herausforderungen, denen sich ein »Expatriate« stellen muss, nicht ohne weiteres bewältigt werden können. Aber nicht nur Entsandte müssen im beruflichen Alltag mit Einheimischen erfolgreich zusammenarbeiten, sondern auch Mitarbeiter des Stammhauses eines internationalen Unternehmens kommen nicht umhin, mit ihren fremdkulturellen Interaktionspartnern in Kontakt zu treten.

Durch die Kenntnis der italienischen Kulturstandards und das Wissen um deren Handlungswirksamkeit soll es deutschen Fach- und Führungskräften ermöglicht werden, ihre italienischen Interaktionspartner besser verstehen und Stress verursachende Missverständnisse und Konflikte vermeiden zu können.

■ Theoretischer Hintergrund

Unter *Kultur* (Thomas, 2003a) versteht man ein universell gültiges System an Werten, Normen, Regeln, Einstellungen und Erwartungen, das für eine bestimmte Gesellschaft typisch ist und von allen Mitgliedern geteilt wird. Das Wahrnehmen, Denken, Werten und Handeln aller einer Kultur angehörigen Menschen wird durch diese beeinflusst. Einen zentralen Aspekt von Kultur stellt demnach deren Orientierungsfunktion dar. Diese kommt dem grundlegenden Bedürfnis des Menschen nach, alle Reize, die aus der gegenständlichen und sozialen Umwelt auf ihn einströmen, zu deuten, zu kategorisieren und einzuschätzen. Kultur bietet nicht nur Orientierung, sondern auch Sicherheit und ermöglicht so eine erfolgreiche Umweltbewältigung.

Von zentraler Bedeutung für das jeweilige kulturspezifische Orientierungssystem sind *Kulturstandards* (Thomas, 2003b). Sie beeinflussen die Wahrnehmung, das Denken, Werte und Handlungen aller Mitglieder einer Kultur und zwar so, dass diese Kulturstandards sowohl für sie selbst als auch für andere als normal, selbstverständlich, typisch und verbindlich erachtet werden. Kulturstandards weisen einen gewissen Toleranzbereich auf, das heißt die individuellen und gruppenspezifischen Ausprägungen von Kulturstandards können variieren. Innerhalb dieses Toleranzbereiches werden Abweichungen vom Normwert akzeptiert. Kommt es zum Überschreiten der Toleranzgrenzen, folgen Ablehnung und Sanktionierung durch die soziale Umwelt, da Verhaltensweisen außerhalb des Toleranzbereiches als fremd, unnormal und außergewöhnlich wahrgenommen werden. Kulturstandards können bei jedem Vertreter einer Kultur unterschiedlich stark ausgeprägt sein. In verschiedenen Kulturen können ähnliche Kulturstandards wirksam werden, welche jedoch einen anderen Toleranzbereich und eine unterschiedliche Bedeutung haben können. Kulturstandards, die in der einen Kultur zentral sind, können in einer anderen Kultur sogar vollkommen fehlen oder nur eine sehr geringe Rolle spielen. Außerdem können sie verschiedene Abstraktionsgrade aufweisen und somit von sehr allgemeinen Werten bis hin zu extrem verbindlichen und spezifischen Verhaltensweisen reichen. Das Kulturstandardkonzept (Thomas, 2005) bringt zwar zwangsläufig eine Vereinfachung und reduzierte Darstellung einer Kultur mit sich, bietet jedoch eine gute Möglichkeit, die Komplexität einer Kultur angemessen und gewinnbringend zu beschreiben und zu vermitteln.

Kulturstandards beschreiben nie eine Kultur als Ganzes mit all ihren Facetten, sondern es liegt immer eine Perspektiven- und Handlungsfeldabhängigkeit vor. Kulturstandards sind somit nur in Abhängigkeit der jeweiligen Ziel- und Anwenderkultur ermittelbar und anwendbar. Im vorliegenden Fall wurden die italienischen Kulturstandards aus Sicht deutscher Fach- und Führungskräfte ermittelt. Wären die Kulturstandards aus Sicht einer anderen Nation oder auch nur aus Sicht einer anderen deutschen

13

Personengruppe ermittelt worden, steht zu vermuten, dass sich die Schwerpunktsetzung verschoben hätte.

Besonders wichtig ist an dieser Stelle eine differenzierte Betrachtung der Begriffe Kulturstandard, Stereotyp und Vorurteil. Kulturstandards stellen zwar Stereotypisierungen im Sinne des in der menschlichen Wahrnehmung und Informationsverarbeitung ständig ablaufenden Kategorisierungsprozesses dar und ermöglichen dadurch Orientierungssicherheit und Handlungsfähigkeit in unserer komplexen Umwelt und in den Interaktionen mit unseren Mitmenschen, sind aber streng von Vorurteilsbildung abzugrenzen. Da Kulturstandards nicht wie Vorurteile vereinfachende, unreflektierte Meinungen und Einstellungen über Vertreter der fremden Kultur darstellen, sondern systematisch aus der Analyse sich tatsächlich ereigneter und alltäglicher Interaktionssituationen ermittelt werden, führt das gewonnene Wissen über die Handlungswirksamkeit der zugrunde liegenden Kulturstandards zu einer besseren und erfolgreicheren Verständigung zwischen den sich kulturell fremden Partnern. Der Grund hierfür liegt darin, dass eine differenzierte Wahrnehmung des fremdkulturellen Partners erst über den Weg der Bewusstmachung der Kulturstandards ermöglicht wird. Um also interkulturelle Verständigung zu ermöglichen, muss der sehr vielfältige und komplexe Lerninhalt »Kultur« zwangsläufig reduziert werden. Zusammenfassend ist demnach festzuhalten, dass Kulturstandards ein hilfreiches Mittel zur Orientierung darstellen, indem sie Komplexität reduzieren und in kognitiver und emotionaler Hinsicht vor Überlastung schützen.

Da das eigene Orientierungssystem mit den jeweils zugrunde liegenden Kulturstandards im Laufe der Sozialisation zur Gewohnheit und Selbstverständlichkeit geworden ist, stellt die Interaktion mit Individuen der eigenen Kultur kein so großes Problem dar wie die Interaktion mit Personen einer anderen Kultur. In kulturellen Überschneidungssituationen mit Individuen unterschiedlicher kultureller Herkunft kann es zu zwischenmenschlichen Irritationen kommen, da im Normalfall, also ohne vorherige Beschäftigung mit der fremden Kultur, zunächst unbewusst auch das Verhalten eines fremdkulturellen Interaktionspartners auf Basis der eigenen zentralen Kulturstandards beurteilt wird.

Da diese mit dem fremdkulturellen Orientierungssystem nicht kompatibel sind, kann es zu unerwarteten Reaktionen des Gegenübers, zu Missverständnissen oder Konflikten auf der Kognitions-, Emotions- und Verhaltensebene kommen, die sogar zum Abbruch der Begegnung führen können, zumindest jedoch Stress in den beteiligten Personen auslösen. Eine weitere Schwierigkeit besteht darin, dass auch der fremdkulturelle Partner davon ausgeht, dass alle Menschen sich so wie er verhalten und sein Handeln das Richtige sei. Kommt es also zu Fehlwahrnehmungen und Fehlinterpretationen, wird von einer *kritischen Interaktionssituation* gesprochen. Kritisch können Begegnungssituationen dann sein, wenn sich der fremdkulturelle Partner nicht so verhält wie erwartet oder aber wenn er als für selbstverständlich erachtete Verhaltensweisen nicht zeigt. Insgesamt ist ausschlaggebend, dass die Interaktionspartner den Verlauf der Situation aus ihren bisherigen Erfahrungen nicht erklären können und somit das Verhalten des anderen nicht mehr nachvollziehbar ist und unverständlich wird.

Diese Kommunikations- und Interaktionsstörungen, die in den erlebten kritischen Interaktionssituationen zum Tragen kommen, bieten nun ausgezeichnete Möglichkeiten, Kulturstandards aufzudecken. Denn nur wo das gewohnte Verhalten nicht zur Erreichung des Handlungsziels dient, also nicht mehr adaptiv ist, kann es einer Reflexion zugänglich gemacht werden. Das Wissen über die Handlungswirksamkeit der fremden Kulturstandards und somit auch die Bewusstwerdung der eigenen Kulturstandards ist die Voraussetzung für gegenseitiges Verstehen, was ein erfolgreiches Interagieren wahrscheinlich macht. Die Grundlagen des hier präsentierten Trainingsprogramms sind Interviews mit deutschen Fach- und Führungskräften, die zu kritischen Interaktionssituationen mit ihren italienischen Partnern befragt wurden. Mithilfe bewährter Methoden der interkulturellen Forschung wurden aus diesen Interviews die zentralen italienischen Kulturstandards gewonnen. Durch die Befragung so genannter bikultureller Experten, die sowohl mit der deutschen als auch der italienischen Kultur vertraut sind, wurden kulturell adäquate Erklärungen zu den Situationen gewonnen. Die in diesem Buch berichteten kritischen Interaktionssituationen sind somit authentische Begegnungssituationen, die lediglich sprachlich aufbereitet wurden.

Aufgrund der Kenntnis der italienischen Kulturstandards ist den mit Italienern interagierenden deutschen Fach- und Führungskräften ein kognitiver und rationaler Zugang zu den beobachteten Verhaltensweisen möglich, wodurch deren Sinn und Berechtigung nachvollziehbar werden. Dies bedeutet jedoch noch nicht unbedingt, dass auch eine erfolgreiche Integration in das eigene Handeln gelingt. Aus diesem Grund wurde auf der Basis der italienischen Kulturstandards das folgende Training, das dem Format des »Culture Assimilators« oder besser des »Intercultural Sensitizers« entspricht, entwickelt. Es dient dazu, dass deutsche Fach- und Führungskräfte sich auf das Leben und Arbeiten in Italien vorbereiten können. Dieses Trainingsinstrument ist ein international anerkanntes, sehr erfolgreiches Mittel, den beschriebenen interkulturellen Irritationen adäquat begegnen zu können.

▨ Aufbau, Ablauf und Ziele des Trainings

Das vorliegende Training ist so konzipiert, dass der Leser die Inhalte allein und ohne fremde Anweisung erarbeiten kann. Es setzt sich aus insgesamt 24 kritischen Interaktionssituationen zusammen, die von in Italien tätigen Fach- und Führungskräften erlebt und geschildert wurden, da sie zu Missverständnissen, Fehlinterpretationen oder gar Konflikten in der Interaktion mit Italienern geführt haben. Situationen, die dem gleichen Kulturstandard zuzuordnen sind, also denen ähnliche Ursachen und Beweggründe zugrunde liegen, sind in einem Themenbereich zusammengefasst. So entstehen sechs zusammengehörige Themenbereiche, wobei jede Trainingseinheit aus mehreren kritischen Interaktionssituationen besteht. Alle Trainingseinheiten bauen aufeinander auf und bereits vermittelte Lerninhalte werden in die nachfolgenden mit einbezogen. Im Einzelnen vollzieht sich der Prozess des interkulturellen Lernens in fünf Schritten:

In einem *ersten Schritt* soll der Leser nach der Lektüre der kritischen Interaktionssituationen selbst überlegen, wie das Prob-

16

lem entstanden ist, bevor er zu den Antwortalternativen übergeht. Dadurch lässt sich der erzielte Lerneffekt vergrößern, da dem Leser anhand seiner eigenen Reflexionen Fehleinschätzungen der geschilderten Situation, die er vor dem Hintergrund seines eigenkulturellen Orientierungssystems getroffen hat, bewusst werden.

Im *zweiten Schritt* werden dem Leser zu jeder Situation vier verschiedene Erklärungsmöglichkeiten angeboten, die entweder dem deutschen oder italienischen kulturellen Orientierungssystem entstammen und somit in unterschiedlichem Maße zutreffen. Der Leser hat nun die Aufgabe, die Angemessenheit aller vier Antwortalternativen auf einer Skala von »am wenigsten zutreffend« bis »am meisten zutreffend« einzuschätzen. Er soll nicht nach einer einzigen richtigen Lösung suchen, da diese so eindeutig nicht existiert, sondern versuchen, die wahrscheinlichste Erklärungsmöglichkeit im Bezug auf das geschilderte italienische Verhalten herauszufinden. Auf diese Weise kann der Leser lernen, das Verhalten der Italiener so zu interpretieren, wie dies ein Italiener tun würde.

Als *dritten Schritt* erhält der Leser eine Rückmeldung über seine Einschätzung, wobei für jede Erklärungsmöglichkeit erläutert wird, inwieweit diese kulturangemessen ist oder nicht. Der Leser findet zudem kulturelle Hintergrundinformationen, die für das Verständnis der Situation notwendig sind. Es wird versucht, das Typische des dargestellten Verhaltens herauszustellen und zu verdeutlichen. Hierbei ist es sehr sinnvoll, alle Erklärungen durchzulesen. Da es nicht eine einzige richtige Erklärungsmöglichkeit gibt, trägt ein vollständiges Durcharbeiten der Antwortalternativen entscheidend zu einem hohen Lerneffekt bei, da jede Erklärung zusätzliche Informationen bereitstellt, die dem Leser die italienischen Denk- und Verhaltensweisen näher bringen.

Der *vierte Schritt* besteht in einer Aufforderung an den Leser, sich damit auseinander zu setzen, wie er sich persönlich in einer vergleichbaren Situation verhalten würde. Ziel dieses Arbeitsauftrages ist es, kognitives Wissen im Bezug auf Handlungsoptionen zu entwickeln. Diesen Überlegungen schließen sich Lösungshinweise zur jeweiligen Situation an. Auch hier soll wieder deutlich werden, dass es nicht nur eine einzige Lösungsmöglichkeit gibt.

17

Die angebotenen Möglichkeiten sind als Anregung und nicht als feststehende Richtlinie zu verstehen.

In einem *fünften Schritt* wird der jeweils zugrunde liegende Kulturstandard losgelöst von einzelnen Situationen beschrieben. Eine kulturhistorische Verankerung soll es dem Leser erleichtern, sein bisheriges Wissen über die Ursachen der beschriebenen Reaktionen und Verhaltensweisen in den zuvor durchgearbeiteten Situationen in einen umfassenden und abstrakteren Zusammenhang zu bringen. Dies geschieht Kulturstandard für Kulturstandard, bis sich ein einheitliches und schlüssiges Bild der italienischen Kultur ergibt.

An die letzte Trainingseinheit schließen sich zwei Exkurse zu den Themen »Bürokratismus« und »Regionale Disparität Italiens« an. Sie umschreiben zwar keine eigenständigen italienischen Kulturstandards, ihnen fällt jedoch zum einen im Umgang mit italienischen Behörden und zum anderen in der Interaktion mit süditalienischen Geschäftspartnern eine zentrale Rolle zu.

Eine kurze Zusammenfassung aller Kulturstandards und eine Darstellung ihres Zusammenwirkens innerhalb der italienischen Kultur findet der Leser am Ende des Trainingsprogramms. Den Abschluss bilden einige Tipps und Hinweise zu ausgewählter Literatur.

Insgesamt ist das vorliegende Training sowohl als Mittel zum Selbststudium als auch als Gruppentraining einsetzbar. In beiden Fällen wird es nur dann eine Sensibilisierung für und ein Einleben in die italienische Kultur ermöglichen, wenn es konsequent angewandt wird. Ein schnelles Durchlesen kann nicht den selben Erfolg bringen wie das umfassende Durcharbeiten des gesamten Buches, denn den größten Lerneffekt bringt eine sukzessive und vollständige Bearbeitung, da die einzelnen Abschnitte aufeinander aufbauen. Ergänzend oder alternativ zum Selbststudium kann das Training auch im Sinne eines Gruppentrainings verwendet werden, im Zuge dessen die kritischen Interaktionssituationen in Gruppenübungen nachgestellt werden. So ist der Erwerb interkultureller Handlungskompetenz direkt in der Auseinandersetzung mit einer anderen Person möglich, indem soziale Denk- und Verhaltensweisen neu erlernt und bestehende umgelernt werden.

18

Ziel des Trainingsprogramms ist es, sich der Handlungswirksamkeit beider kultureller Orientierungssysteme bewusst zu werden. Neben dem Wissen über die fremdkulturellen Kulturstandards ist vor allem das Verstehen der eigenen kulturellen Orientierungen von herausragender Bedeutung. Nur dem, der sowohl das eigene als auch das Verhalten seines Gegenübers versteht und vorhersehen kann, ist es möglich, Stress, Ärger, Hilflosigkeit, Missverständnisse und Konflikte zu vermeiden. Die mit dem Training beabsichtigte Sensibilisierung für die Unterschiede zwischen der deutschen und italienischen Kultur soll demnach das Arbeiten und Leben in Italien erfolgreicher machen.

Ein wichtiger zusätzlicher Hinweis soll an dieser Stelle gegeben werden: Die Eigenart dieses Lernkonzepts bringt es mit sich, dass in diesem Trainingsprogramm konfliktträchtige Situationen überwiegen. Dies liegt keineswegs daran, dass Arbeiten und Leben in Italien in erster Linie problematisch ist, sondern am Charakter des Trainings. Aus der Bearbeitung kulturell kritischer Interaktionssituationen soll eine interkulturelle Kompetenz zu erfolgreichem und verständnisvollem Umgang mit italienischen Partnern gewonnen werden.

Wir wünschen Ihnen bei der Bearbeitung viel Spaß und Lernzuwachs!

■ Themenbereich 1: Familienorientierung (familismo)

■ Beispiel 1: Die Absage

■ Situation

Herr Hartmann arbeitet seit zwei Jahren in der Geschäftsführung einer italienischen Filiale seines deutschen Unternehmens. Er ist für die Umstrukturierung der vor fünf Jahren übernommenen Fabrik verantwortlich. Nun soll ein Angestellter der Entwicklungsabteilung, Herr Farini, in eine andere Niederlassung in Italien versetzt werden, um sich weiterentwickeln zu können. Diese Versetzung würde einen Karrieresprung für Herrn Farini bedeuten. Herr Hartmann unterbreitet ihm dieses Angebot, doch zu seiner Überraschung nimmt Herr Farini dieses Angebot nicht an. Herr Hartmann ist verärgert, da er nicht verstehen kann, warum sein italienischer Mitarbeiter diese Chance nicht nutzen will.

Was steckt hinter der Absage von Herrn Farini?

– Lesen Sie nun die Antwortalternativen nacheinander durch.
– Bestimmen Sie den Erklärungswert jeder Antwortalternative für die gegebene Situation und kreuzen Sie ihn auf der darunter liegenden Skala entsprechend an. Es ist möglich, dass mehrere Antwortalternativen den gleichen Erklärungswert besitzen.

■ Deutungen

a) Italiener identifizieren sich sehr mit ihrer Stadt bzw. ihrer Region und verlassen diese nur sehr ungern.

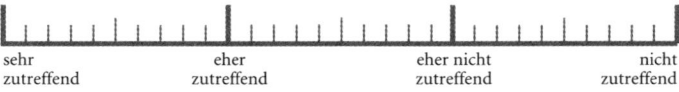

| sehr zutreffend | eher zutreffend | eher nicht zutreffend | nicht zutreffend |

b) Herr Farini fühlt sich seiner Familie, den Freunden und seinem sozialen Umfeld so verbunden, dass er eine Entwicklungschance im Job dafür aufgibt.

| sehr zutreffend | eher zutreffend | eher nicht zutreffend | nicht zutreffend |

c) Herr Farini ist misstrauisch, dass hinter seiner Versetzung ein ihm unbekannter Grund stehen könnte. Er vertraut Herrn Hartmann nicht vollständig, da er ihn nicht besonders gut kennt.

| sehr zutreffend | eher zutreffend | eher nicht zutreffend | nicht zutreffend |

d) Italiener gehen von der Devise aus »Arbeiten, um zu leben und nicht leben, um zu arbeiten«. Die Herausforderung einer besseren Position ist für sie nicht so wichtig, wenn sie dadurch mehr Zeit in die Arbeit investieren müssten.

| sehr zutreffend | eher zutreffend | eher nicht zutreffend | nicht zutreffend |

– Versuchen Sie, Ihre Einstufung jeder Antwortalternative zu begründen. Halten Sie die Begründung in schriftlicher Form stichpunktartig fest.
– Lesen Sie nun die Erläuterungen zu jeder Antwortalternative und vergleichen Sie diese mit Ihren eigenen Begründungen.

■ Bedeutungen

Erläuterung zu a):
Die Tatsache, dass Italiener ihre eigene Region, ihre eigene Stadt bzw. ihr eigenes Stadtviertel über alles lieben und sich diesen sehr

22

verbunden fühlen, bestimmt die italienische Mentalität ganz zentral. Sie wird sogar durch ein eigenes Wort, den so genannten »campanilismo« umschrieben. Italiener haben kein tiefer gehendes Konzept nationaler Einheit. Ein Venezianer fühlt sich anders als ein Bewohner der Abruzzen, ein Lombarde anders als ein Sizilianer. So besteht zwischen vielen Regionen bis heute eine gewisse Abneigung und Feindseligkeit. Ein florentiner Sprichwort besagt beispielsweise »È meglio un morto in casa che un pisano alla porta.« – »Es ist besser, einen Toten im Haus zu haben, als einen Pisano vor der Tür.« Obwohl der »campanilismo« in vorliegender Situation auch eine Rolle spielt, ist er dennoch nicht als zentraler Einflussfaktor auf die ablehnende Reaktion von Herrn Farini zu sehen.

Erläuterung zu b):
Italiener fühlen sich ihrer Familie, ihrem Freundeskreis, der oft schon seit der Schulzeit besteht, und ihrem sozialen Umfeld sehr verbunden. Herr Farini ist sich bewusst, dass seine berufliche Weiterentwicklung und der finanzielle Zugewinn mit einer lokalen Versetzung verbunden sind. Dies würde nach sich ziehen, dass er seine Familie und seine Freunde nicht mehr täglich um sich haben könnte. Für ihn hat jedoch dieses persönliche Umfeld absolute Priorität. Deshalb stellt er seine beruflichen Entwicklungschancen hinten an.

Aus der Sicht von Herrn Hartmann ist diese Entscheidung nur schwer zu verstehen, da in Deutschland im Allgemeinen beruflicher Erfolg sehr wichtig ist und die Familie erst an zweiter Stelle kommt. Diese Erklärung beschreibt die Situation aus kultureller Sicht am besten.

Erläuterung zu c):
In Italien ist es von großer Bedeutung, neben der beruflichen auch eine persönliche Beziehung zu Kollegen aufzubauen. Nur dadurch kann ein gewisses Misstrauen, das Italiener ihren Mitmenschen gegenüber hegen, abgebaut werden. Herr Hartmann ist zwar schon seit zwei Jahren im Unternehmen, stellt jedoch in seiner gehobenen Funktion für viele Mitarbeiter fast noch einen Unbekannten dar. Aufgrund der Tatsache, dass es seine Aufgabe

ist, das Unternehmen finanziell wieder auf Vordermann zu bringen, war er im Zuge der Umstrukturierung unter anderem für diverse Entlassungen verantwortlich. Weiter erschweren ihm seine mangelnden Kenntnisse der italienischen Sprache einen näheren Kontaktaufbau zu seinen Mitarbeitern. Da Herr Farini Herrn Hartmann nicht besonders gut kennt und ihm die zahlreichen Entlassungen im Bewusstsein haften, bringt er ihm ein gewisses Misstrauen entgegen. Dieses wirkt sich zum Teil auf seine Entscheidung, die Möglichkeit zur beruflichen Weiterentwicklung abzulehnen, aus. Diese Erklärung ist in unserem Fall mit hoher Wahrscheinlichkeit angemessen. Eine sehr wichtiger und allgemein gültiger Aspekt fehlt hier jedoch noch. Er ist in einer anderen Erklärung zu finden.

Erläuterung zu d):
Viele Italiener erachten ihre Arbeit zwar als wichtigen Bestandteil ihres Lebens, wobei für sie dennoch ihr Privatleben und »la dolce vita« einen höheren Stellenwert besitzen. Sie verwirklichen sich mehr in ihrem privaten Umfeld und legen weniger Wert auf eine gut bezahlte und anspruchsvolle neue Position. Eine höhere Position und ein damit verbundener Ortswechsel würden die Freizeitaktivitäten enorm einschränken und findet daher bei einigen Italienern wenig Zuspruch. Diese Aussage lässt sich jedoch nicht auf alle Arbeitnehmer verallgemeinern. So messen viele Italiener beruflichen Herausforderungen einen großen Wert bei und gehen vollkommen in ihrer Arbeit auf. Das Verhalten von Herrn Farini in obigem Beispiel wird somit von einem anderen Aspekt mehr beeinflusst.

– Beantworten Sie bitte folgende Frage: Wie würden Sie sich in einer ähnlichen Situation verhalten? Halten Sie ihre Gedanken in schriftlicher Form fest.

■ **Lösungsstrategie**

In dieser Situation sind zwei Komponenten der italienischen Kultur zu beachten, die einem Deutschen zunächst fremd erscheinen mögen. Zum einen, was jedoch in dieser Begebenheit weniger

24

zentral ist, sollte man als Deutscher in einem italienischen Unternehmen versuchen, sich ein wenig weg von der deutschen Sachorientierung hin zu italienischer Beziehungsorientierung zu bewegen. Von besonderer Bedeutung ist in dieser Situation jedoch die Tatsache, dass der Deutsche Verständnis für die ausgeprägte Familienorientierung des italienischen Mitarbeiters zeigen sollte. Gegebenenfalls könnte sich ein Gespräch über die ausschlaggebenden Gründe für die Ablehnung der Versetzung und Beförderung von Herrn Farini anschließen und dazu führen, dass sich der italienische Mitarbeiter Herrn Hartmanns besser verstanden fühlt. Generell lässt sich sagen, dass die Familienorientierung, der »familismo«, in Italien eine der zentralsten kulturellen Besonderheiten darstellt. Dennoch lässt sich der Einfluss dieser Orientierung im beruflichen Kontext weniger ausgeprägt finden, als dies vielleicht noch vor einigen Jahren der Fall war. An einigen Beispielen, die sich unter anderem außerhalb des professionellen Umfeldes abspielen, lässt sich veranschaulichen, welche Wichtigkeit die Italiener dem familiären Beisammensein und familiären Zusammenhalt beimessen und wie man als Deutscher angemessener auf die Erwartungen seitens der Italiener reagieren kann:

1. Italiener reden in der Arbeit oft und gern über ihre Familie, vor allem über ihre Kinder, die ihr ganzer Stolz sind. An dieser Stelle wäre es angebracht, dass der Deutsche auf dieses Gesprächsthema eingeht und nachfragt, sich interessiert zeigt. Es wird ihm sehr hoch angerechnet, wenn er auch etwas von seiner eigene Familie erzählt. Viele berufstätige deutsche Frauen berichten, dass sie schlagartig die Sympathie neuer Geschäftspartner gewinnen konnten, wenn sie zu Beginn des Kontaktes erwähnten, dass sie Kinder hätten. Sofort wurde ihnen sehr wohlwollend und interessiert begegnet.

2. In italienischen Unternehmen ist es vielfach üblich, dass zu Arbeitsessen der Lebenspartner und manchmal sogar die Kinder mitgebracht werden. So wurde von einem Deutschen verwundert erwähnt, dass im Rahmen der Planung eines Geschäftsessens von seiner italienischen Sekretärin nur Restaurants in die engere Auswahl genommen wurden, die einen Kinderspielplatz besaßen. Als Deutscher kann man Pluspunkte sammeln,

25

wenn man ebenfalls seine Familie oder seinen Partner mit einbezieht und seinen Kollegen und Geschäftspartnern somit ein wenig Einblick in das private Leben gewährt.

Italiener bringen ihr Privatleben mehr in die Arbeit ein und beide Lebensbereiche gehen bis zu einer gewissen Grenze ineinander über. Allgemein sollte man sich auch als Deutscher für die privaten Umstände seiner Kollegen und Mitarbeiter interessieren und sich selbst in größerer Bandbreite in den beruflichen Alltag einbringen, als man dies in Deutschland gewohnt ist. Auf diesem Weg bemerken Italiener, dass ihr Vorgesetzter neben geschäftlichen Belangen auch Interesse an ihrer Person hat. Sie werden ihm dies sehr hoch anrechnen. Nur so kann ein vertrauensvolles und kooperatives Arbeitsumfeld geschaffen werden.

■ Beispiel 2: Später Auszug

■ Situation

Frau Fröhlich arbeitet seit vier Jahren als Finanzchefin in der italienischen Niederlassung eines großen deutschen Unternehmens. Immer wieder erfährt sie, dass man in Italien erst zur Heirat von zuhause auszieht und dann nicht weit entfernt von den Eltern wohnt. Ein Controller ihrer Abteilung zum Beispiel ist unverheiratet, 39 Jahre alt und wohnt immer noch bei seinen Eltern. Frau Fröhlich ist sehr überrascht und kann dieses Verhalten nicht verstehen.

Wie lässt sich dieses Verhalten erklären?

– Lesen Sie nun die Antwortalternativen nacheinander durch.
– Bestimmen Sie den Erklärungswert jeder Antwortalternative für die gegebene Situation und kreuzen Sie ihn auf der darunter liegenden Skala entsprechend an. Es ist möglich, dass mehrere Antwortalternativen den gleichen Erklärungswert besitzen.

■ Deutungen

a) Aus finanziellen Gründen können es sich die Familien nicht leisten, eine Wohnung für ihre Kinder zu bezahlen. Die Mietpreise für Wohnungen sind enorm hoch, so dass Kinder so lange wie möglich zu Hause wohnen bleiben.

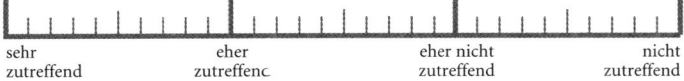

| sehr zutreffend | eher zutreffend | eher nicht zutreffend | nicht zutreffend |

b) Vor allem italienische Männer bleiben sehr lange im Elternhaus wohnen, da sie aufgrund einer traditionellen Rollenverteilung nicht gewöhnt sind, einen eigenen Haushalt zu führen.

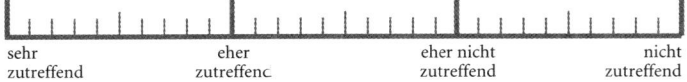

| sehr zutreffend | eher zutreffend | eher nicht zutreffend | nicht zutreffend |

c) Man fühlt sich in Italien seiner Familie sehr verbunden und zieht nur ungern von zu Hause aus.

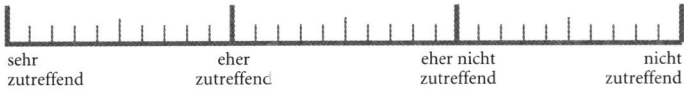

| sehr zutreffend | eher zutreffend | eher nicht zutreffend | nicht zutreffend |

d) Die Familie lässt ihre Kinder nicht ausziehen. Italienische Familien sind noch sehr traditionell strukturiert. Es ist ungewöhnlich, dass Kinder das Elternhaus verlassen, bevor sie heiraten.

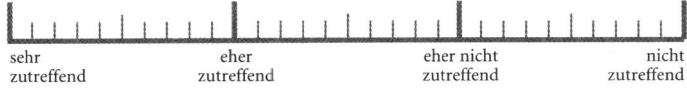

| sehr zutreffend | eher zutreffend | eher nicht zutreffend | nicht zutreffend |

– Versuchen Sie, Ihre Einstufung jeder Antwortalternative zu begründen. Halten Sie die Begründung in schriftlicher Form stichpunktartig fest.
– Lesen Sie nun die Erläuterungen zu jeder Antwortalternative und vergleichen Sie diese mit Ihren eigenen Begründungen.

▮ Bedeutungen

Erläuterung zu a):
Die hohen Mietpreise in Italien erlauben es tatsächlich vielen Familien nicht, ihren Kindern beispielsweise während des Studiums eine eigene Wohnung zu finanzieren. Studentenwohnheime sind in Italien zwar vorhanden. Da sie jedoch zum Großteil staatlich finanziert sind und dadurch nur sehr geringe oder gar keine Mieten erheben, sind sie nur sehr einkommensschwachen Studenten vorbehalten. So ist es durchaus möglich, dass Familien nicht die finanziellen Mittel besitzen, um ihre Kinder früher in die Eigenständigkeit entlassen zu können. Vollständig lässt sich diese Erklärungsmöglichkeit jedoch nicht auf vorliegende Situation anwenden. Zum einen deshalb, weil sich dieses Verhalten auch in sehr wohlhabenden Elternhäusern beobachten lässt und zum anderen, weil viele Kinder auch noch nach Abschluss ihres Studium lange Zeit zu Hause wohnen bleiben, obwohl sie sich mit ihrem eigenen Gehalt bereits eine Wohnung leisten könnten.

Erläuterung zu b):
Diese Erklärung mag auf manche Söhne italienischer Familien durchaus zutreffen. Viele bleiben in der Tat so lange wie möglich im »Hotel Mamma« und ziehen erst mit der Heirat aus. Sie genießen die beinahe aufopfernde Sorge ihrer Mütter um ihr Wohlergehen. Aus diesem Verhalten leitet sich auch die Bezeichnung des italienischen »Mammoni« ab, was soviel bedeutet wie »Muttersöhnchen«. Da in vielen italienischen Familien, vor allem im Süden des Landes, noch eine eher traditionelle Rollenverteilung zu finden ist, sind es italienische Männer nicht gewöhnt, einen eigenen Haushalt zu führen. Viele Deutsche sehen dieses Verhalten dagegen als pure Bequemlichkeit an. In manchen Fällen mag diese Interpretation durchaus zutreffen. Dabei darf jedoch nicht aus dem Blickfeld verloren werden, dass sich ein später Auszug aus dem Elternhaus in Deutschland ebenso wie in Italien auf diesen Grund zurückführen lässt. Gegen eine alleinige Erklärung unseres Beispiels anhand der traditionellen Rollenverteilung spricht dabei auch noch die Tatsache, dass auch Frauen in der italienischen Gesellschaft relativ spät eigenständig leben. Neben

durchaus nachvollziehbaren Komponenten der italienischen Kultur spricht diese Antwortalternative daher teilweise eine typisch deutsche kulturinadäquate Attribution der Situation an, die das Verhalten nicht vollständig erklären kann.

Erläuterung zu c):
In der italienischen Gesellschaft ist der familiäre Zusammenhalt von zentraler Bedeutung. Die Familienbande sind sehr eng, vor allem zwischen einer Mutter und ihren Kindern. Daher fühlen sich die Kinder ihrer Familie sehr verpflichtet. Auch nach der Heirat versucht mindestens ein Kind seinen Wohnsitz in der Nähe des elterlichen Hauses zu finden, um diese im Alter versorgen zu können. Durch die Wichtigkeit des familiären Beisammenseins lässt sich jedoch diese Situation zumindest aus Sichtweise der Kinder nicht vollständig erklären, da viele durchaus den Wunsch hegen, früher unabhängig und eigenständig zu leben. Dies wird jedoch oft von den Eltern, unabhängig von den finanziellen Möglichkeiten, nicht ermöglicht. Aus diesem Grund ist eine etwas anders gelagerte Sichtweise auf die beschriebene, häufig zu beobachtende Situation zutreffender.

Erläuterung zu d):
Die italienischen Familienstrukturen sind, vor allem im Süden des Landes, noch stark von traditionellen und religiösen Vorstellungen geprägt. Innerhalb der Familie herrscht eine patriarchalische Organisation. Das gesellige und gesellschaftliche Leben dreht sich demgegenüber um die »mamma«. Der ausgeprägte Familiensinn führt nun dazu, dass italienische Eltern ihre erwachsenen Sprösslinge oftmals noch wie Kinder behandeln. Sie behüten sie über und überschütten sie mit ihrer Liebe, was sich in übertriebener Sorge um das Wohlbefinden der Kinder äußert. Sie werden in Watte verpackt und dadurch in ihrer Freiheit stark eingeschränkt. »Wir bleiben Kinder, bis wir heiraten«, so die Aussage einer beinahe 40-jährigen Italienerin. Diese Überbehütung schließt vor allem auch eine sittliche und moralische Wachsamkeit der Eltern mit ein. Wenn Kinder länger bei ihren Eltern wohnen bleiben, fällt es diesen leichter, über die moralische Entwicklung ihrer Sprösslinge zu wachen und sie vor »Dummheiten« zu

bewahren. Sie wollen zu jeder Zeit wissen, was vor sich geht. Auch fühlen sich italienische Eltern sehr gekränkt, wenn die Kinder frühzeitig den Wunsch äußern von zu Hause auszuziehen, weil es für sie fast der Aussage gleichkommt, dass ihre Kinder sie nicht genug lieben und wertschätzen. Vor allem im Süden, der stark von der katholischen Religion geprägt ist, wird es noch als unmoralisch angesehen, wenn Kinder vor der Heirat allein oder unverheiratet mit ihrem Lebenspartner zusammen wohnen. Neben eigenen moralischen Werten wird dabei seitens der Eltern auch sehr viel Wert darauf gelegt, nicht zum Gespräch der Nachbarschaft zu werden. Diese Antwort beschreibt den kulturellen Hintergrund dieser Situation am besten.

– Beantworten Sie bitte folgende Frage: Wie würden Sie sich in einer ähnlichen Situation verhalten? Halten Sie ihre Gedanken in schriftlicher Form fest.

■ Lösungsstrategie

In dieser Situation ist weniger eine explizite Reaktion auf das Verhalten der Italiener gefragt. Sie dient vielmehr dazu, die Familienorientierung und die in der Familie vorherrschenden traditionellen Rollen und damit verbundenen Erwartungen und Verhaltensweisen aufzuzeigen und verständlich zu machen. Deutsche sollten generell versuchen, diesem Verhalten Verständnis entgegenzubringen und es nicht zu bewerten. Vielmehr sollten sie den von unserer deutschen Sichtweise abweichenden kulturellen Hintergrund berücksichtigen. Für viele Italiener ist es normal so lange zu Hause wohnen zu bleiben.

Weitere Situationen sollen zur Verdeutlichung dieser traditionell und religiös geprägten Familienstrukturen beitragen:

1. Wohnen erwachsene Kinder noch zu Hause und wollen, dass ihr Partner bei Ihnen übernachtet, so ist dies nur denkbar, wenn die beiden in unterschiedlichen Räumen schlafen. Dies gilt vor allem für den Sohn der Familie, da es für Töchter, vor allem im Süden des Landes, generell nicht möglich ist, ihren Partner über Nacht in das Haus ihrer Eltern einzuladen. Daran

30

lässt sich die traditionelle Rollenverteilung beispielhaft erkennen. Sieht man sich als Deutscher mit einer vergleichbaren Situation konfrontiert, so sollte man sich nicht über die Regeln dieser Familie beschweren, weil sonst die Harmonie schon zu Beginn empfindlich gestört werden würde.

2. Vor der Ehe schon mit seinem Partner zusammenzuleben, ist in Italien ungewöhnlich. Viele deutsche Frauen berichten, dass es für sie nicht möglich war, mit ihrem italienischen Freund zusammenzuziehen. Die Familie des Mannes war strikt dagegen. Italiener setzen sich in solchen Situationen selten über den Willen ihrer Familie hinweg, sondern respektieren ihn.

3. Italiener reagieren sehr emotional, wenn es um Kinder geht, seien es ihre eigenen oder die Kinder fremder Personen. So kann es schon mal vorkommen, dass Eltern auf der Straße lautstark beschimpft werden, weil das eigene Kind einige Meter hinter den Eltern hergeht. Italiener sind der Ansicht, dass man so keine Kontrolle über das Kind habe und diesem etwas zustoßen könnte. Ein Deutscher berichtete verwundert von einer Situation, bei der sich eine große Menschentraube um sein Kind versammelt hatte und er von einer italienischen Großmutter ärgerlich zur Rede gestellt wurde, warum er sein Kind unbeobachtet auf der Straße herumstehen lasse.

Die Familie ist die zentrale Instanz in der italienischen Gesellschaft. Ihr ist man verpflichtet und befolgt die informellen Regeln ohne Widerspruch. Diese Tatsache macht interkulturelle Beziehungen besonders kompliziert und erfordert viel Flexibilität und Verständnis auf deutscher Seite. Man muss sich immer wieder den »familismo« der Italiener ins Gedächtnis rufen und versuchen, dass gezeigte Verhalten vor diesem Hintergrund einzuordnen und verstehen zu lernen.

■ Beispiel 3: Das familiäre Krankenhaus

■ Situation

Frau Baumgartner ist seit fünf Jahren als Dozentin an einer italienischen Universität beschäftigt. Eines Tages kommt eine italienische Kollegin, Frau Barberini, zu ihr und fragt, ob sie kurzfristig eine Woche Urlaub haben könnte. Sie müsse in den Süden Italiens zu ihren Eltern fahren, da ihr Vater krank sei. Frau Baumgartner genehmigt ihr den erbetenen Urlaub und fragt besorgt nach, ob er ernsthaft erkrankt sei, wenn sie sich eine ganze Woche frei nehmen würde. Ihre italienische Kollegin verneint und sagt, er liege im Krankenhaus und habe sich nur das Bein gebrochen. Frau Baumgartner ist überrascht, dass die Kollegin deswegen extra den weiten Weg nach Hause auf sich nimmt und ihren Urlaub dafür opfert.

Wie lässt sich das Verhalten der italienischen Kollegin von Frau Baumgartner erklären?

– Lesen Sie nun die Antwortalternativen nacheinander durch.
– Bestimmen Sie den Erklärungswert jeder Antwortalternative für die gegebene Situation und kreuzen Sie ihn auf der darunter liegenden Skala entsprechend an. Es ist möglich, dass mehrere Antwortalternativen den gleichen Erklärungswert besitzen.

■ Deutungen

a) Der Vater der italienischen Kollegin ist schon sehr alt und gebrechlich, weshalb sie befürchtet, dass ihm ein harmloser Beinbruch schwer zusetzen könnte. Diese Urlaubswoche könnte vielleicht die letzte Gelegenheit sein, ihn noch zu besuchen.

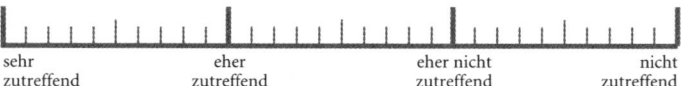

| sehr zutreffend | eher zutreffend | eher nicht zutreffend | nicht zutreffend |

b) Die Kollegin von Frau Baumgartner reagiert aus Sorge um ihren Vater ein wenig über. In Italien ist die Verbundenheit zu den Eltern sehr groß, weshalb die Kinder ein großes Verantwortungsgefühl für ihre Eltern verspüren.

32

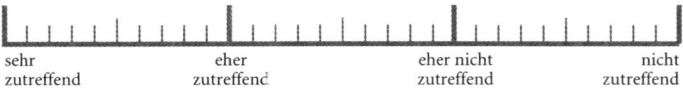

| sehr zutreffend | eher zutreffend | eher nicht zutreffend | nicht zutreffend |

c) In Italien ist es ganz normal, dass die Familie für die Versorgung ihrer Angehörigen, auch im Krankenhaus, zuständig ist.

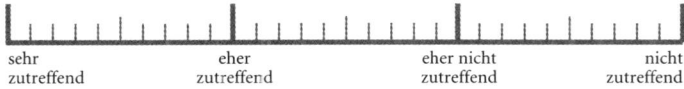

| sehr zutreffend | eher zutreffend | eher nicht zutreffend | nicht zutreffend |

d) Die Geschichte mit dem gebrochenen Bein ist nur eine Ausrede. Der Vater der Kollegin ist eigentlich doch schwerer erkrankt. Die Kollegin will darüber jedoch im Arbeitskontext nicht reden, weil es sich um eine rein familieninterne Angelegenheit handelt.

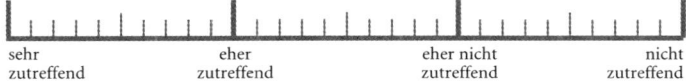

| sehr zutreffend | eher zutreffend | eher nicht zutreffend | nicht zutreffend |

– Versuchen Sie, Ihre Einstufung jeder Antwortalternative zu begründen. Halten Sie die Begründung in schriftlicher Form stichpunktartig fest.
– Lesen Sie nun die Erläuterungen zu jeder Antwortalternative und vergleichen Sie diese mit Ihren eigenen Begründungen.

■ Bedeutungen

Erläuterung zu a):
Dieser Erklärungsversuch klingt durchaus plausibel. Es mag in der Tat sein, dass hinter dem harmlos erscheinenden Beinbruch die Befürchtung von Frau Barberini steckt, ihren Vater vielleicht zum letzten Mal sehen zu können, zumal die Distanz zwischen ihrem Wohnort und dem ihrer Eltern sehr groß ist. An dieser Stelle lassen sich dennoch keine Hinweise finden, welche die Richtigkeit dieser Annahme bestätigen könnten. Die kulturadäquate Erklärung ist somit andernorts anzusiedeln.

Erläuterung zu b):
In der Tat fühlen sich die Kinder in Italien ihren Eltern sehr ver-

33

bunden. Es herrscht ein großer Familienzusammenhalt und die Familie stellt das Zentrum des italienischen Lebens dar. Alle anderen Dinge, wie zum Beispiel der Beruf, müssen dabei hinten anstehen. So lange die Kinder klein sind, werden sie von der Familie mit Liebe überschüttet und überbehütet. Kommen die Eltern dann ins Alter, so ist es an den Kindern, sich um sie zu kümmern und sie zu versorgen. In der Regel bleibt immer eines der Kinder ganz in der Nähe der Eltern wohnen, um diese Aufgabe zu übernehmen. In vorliegendem Fall ist es durchaus denkbar, dass sich Frau Barberini verpflichtet fühlt, ihre Eltern in dieser Situation zu unterstützen. Eine andere Erklärung ist an dieser Stelle dennoch zutreffender und vermag es, die Situation umfassender und allgemein gültiger zu erklären.

Erläuterung zu c):
In vielen Bereichen des italienischen Lebens ist es Aufgabe der Familie, staatliche Versäumnisse zu kompensieren. Während des Krankenhausaufenthaltes eines Familienmitgliedes sind die Angehörigen für dessen Pflege und Versorgung verantwortlich. Können sie diese nicht gewährleisten, kann es geschehen, dass ein Kranker nicht die nötige Verpflegung und Aufmerksamkeit erhält. So ist es zum Beispiel auch an der Familie, Nachtwachen bei schwerkranken Angehörigen zu halten. Die Verpflichtung der Familie, sich um den Kranken zu kümmern, findet sich allerdings nur in staatlichen Krankenhäusern. Aus diesem Grund versucht jeder Italiener, der es sich leisten kann, eine Zusatzversicherung abzuschließen, um sich eine professionelle Versorgung zu sichern. Diese Antwort erklärt die Situation am besten.

Erläuterung zu d):
In Italien wird Personen, die außerhalb des engsten Familien- und Freundeskreises stehen, ein gewisses Misstrauen entgegen gebracht. Unbekannten wird immer mit Vorsicht begegnet, weil man sie aufgrund einer fehlenden Beziehungsebene nicht richtig einschätzen kann. So werden viele Dinge, die man in Deutschland auch mit Freunden oder Bekannten besprechen würde, in Italien nur innerhalb der Familie zum Gesprächsthema gemacht. Daneben könnte es noch möglich sein, dass die Kollegin das ge-

34

brochene Bein ihres Vaters nur vorschiebt. Sie will vielleicht die wahre Ursache, weshalb sie gezwungen ist, zu ihren Eltern zu reisen, verbergen. Dieses Verhalten findet sich auf italienischer Seite oft, wenn der Familie der wahre Grund peinlich ist und sie nicht will, dass familieninterne Themen nach außen dringen. In unserem Beispiel wäre die Tochter daher in der Verantwortung, den positiven Schein der Familie und die »bella figura« (schöne Figur) nach außen hin zu wahren. Diese Erklärungsansätze könnten durchaus auf vorliegende Situation zutreffen, tun es jedoch in diesem Fall nicht vollständig, da sich im Nachhinein die Aussage der italienischen Kollegin als wahr herausgestellt hat. Es gibt also noch einen umfassenderen Grund für das Verhalten von Frau Barberini.

– Beantworten Sie bitte folgende Frage: Wie würden Sie sich in einer ähnlichen Situation verhalten? Halten Sie ihre Gedanken in schriftlicher Form fest.

▰ Lösungsstrategie

Die Versorgung kranker Familienangehöriger ist in Italien ein institutionalisiertes Verhalten. Vor allem in Süditalien kann es passieren, dass Kranke, die nicht von ihrer Familie versorgt werden, eine sehr schlechte Betreuung in staatlichen Krankenhäusern bekommen. Vor dem Hintergrund dieses Wissens ist es an dem Deutschen, Verständnis im Bezug auf die Kompensationsaufgabe italienischer Familien für die Versäumnisse des Staates aufzubringen. In einer derartigen Situation ist es durchaus angebracht, sich nach dem Befinden des Vaters, den Umständen seines Unfalls und seiner Genesung zu erkundigen. Durch dieses Verhalten wird der italienischen Mitarbeiterin signalisiert, dass auch Interesse an ihrem Privatleben besteht, sie als ganzheitliche Person wahrgenommen wird und ihre Probleme auf Verständnis stoßen.

Abzuraten ist von einer Abwertung der italienischen Systeme, indem ein Vergleich zum deutschen Gesundheitssystem gezogen wird. In Italien ist man sich durchaus bewusst, dass im eigenen Land viele Dinge im Argen liegen und einer grundlegenden Re-

35

form bedürfen. Auch bewundern sie die Organisationsfähigkeit der Deutschen und den daraus resultierenden vermeintlich reibungslosen Ablauf des öffentlichen Lebens. Stellt man als Deutscher jedoch Überlegenheit und Besserwisserei zur Schau, so reagiert das italienische Gegenüber mit einer Abwehr- und Verteidigungshaltung und die Beziehung ist empfindlich gestört. Obwohl sich Italiener weniger mit ihrem Staat als mit ihrer Familie identifizieren, so sind sie doch sehr stolz auf ihre Kultur und nehmen es einem Deutschen sehr übel, wenn er sich darüber hinwegsetzt.

■ Beispiel 4: Hochzeitsphotos

■ Situation

Herr und Frau Leibl leben seit vier Jahren in Italien. Zusammen gehen sie jeden Samstag auf den nahe gelegenen Markt, um einzukaufen. Beiläufig erzählen sie ihrem Gemüsehändler eines Tages, dass ihre Tochter im nächsten Jahr heiraten wird. Als sie zum vierten Mal am gleichen Marktstand ihr Gemüse einkaufen wollen, bringt der Besitzer plötzlich einen Stapel Photos herbei. Es sind die Hochzeitsphotos seines Sohnes, die er Herrn und Frau Leibl zeigt und in aller Ausführlichkeit beschreibt. Herrn Leibl und seiner Frau ist diese Situation trotz aller Freundlichkeit ein wenig peinlich, da hinter ihnen viele Leute warten, während sie die Bilder anschauen. Erstaunlicherweise regt sich jedoch keiner auf, dass er warten muss. Herr und Frau Leibl sind sehr überrascht von dem ruhigen Verhalten der anderen Kunden und darüber, dass ihnen als fast Fremden so persönliche Sachen gezeigt werden.

Was steckt hinter dem Verhalten des italienischen Gemüsehändlers?

– Lesen Sie nun die Antwortalternativen nacheinander durch.
– Bestimmen Sie den Erklärungswert jeder Antwortalternative für die gegebene Situation und kreuzen Sie ihn auf der darunter liegenden Skala entsprechend an. Es ist möglich, dass mehrere Antwortalternativen den gleichen Erklärungswert besitzen.

36

■ Deutungen

a) Der Gemüsehändler will besonders nett zu seinen neuen Kunden sein, um sie auch weiterhin dazu zu bewegen, bei ihm einzukaufen.

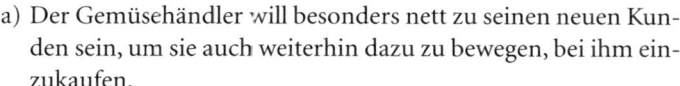

| sehr zutreffend | eher zutreffend | eher nicht zutreffend | nicht zutreffend |

b) Kinder sind der ganze Stolz italienischer Familien. Heiratet ein Kind, so soll jeder davon erfahren und sehen, wie gut es der Familie geht und wie glücklich man über seine Kinder ist. Die wartenden Kunden verstehen das und regen sich deswegen über eine längere Wartezeit nicht auf.

| sehr zutreffend | eher zutreffend | eher nicht zutreffend | nicht zutreffend |

c) Der italienische Händler ist schlicht aufdringlich. Er ist nicht in der Lage, die nötige Distanz zu seinem Gegenüber zu wahren.

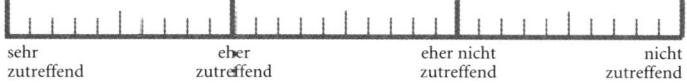

| sehr zutreffend | eher zutreffend | eher nicht zutreffend | nicht zutreffend |

d) Da der italienische Händler weiß, dass auch ein Kind des Ehepaars Leibl bald heiraten wird, zeigt er aus Höflichkeit und Hilfsbereitschaft die Photos, um den Leibls eventuell mit einigen organisatorischen Details behilflich sein zu können.

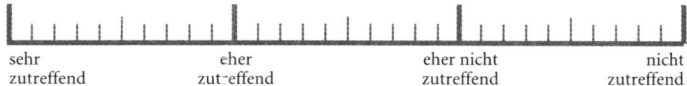

| sehr zutreffend | eher zutreffend | eher nicht zutreffend | nicht zutreffend |

– Versuchen Sie, Ihre Einstufung jeder Antwortalternative zu begründen. Halten Sie die Begründung in schriftlicher Form stichpunktartig fest.
– Lesen Sie nun die Erläuterungen zu jeder Antwortalternative und vergleichen Sie diese mit Ihren eigenen Begründungen.

37

■ Bedeutungen

Erläuterung zu a):
In dieser Erklärung steckt mit Sicherheit ein wahrer Kern. Der italienische Gemüsehändler versucht besonders nett zu seinen neuen Kunden aus Deutschland zu sein. Nachdem diese nun schon zum wiederholten Mal an seinem Stand einkaufen, ist es die Absicht des Verkäufers, sie als Stammkunden zu gewinnen. In Italien läuft alles über den Aufbau einer guten Beziehung. Ohne diese lässt sich im alltäglichen Leben nichts erreichen. So stellt auch der Händler den Versuch an, eine positive und freundschaftliche Beziehung zu seinen neuen Kunden aufzubauen und ist besonders nett und aufmerksam. Um das Eis zu brechen, eignet sich mitunter nichts besser als das Thema Kinder, auch wenn sie schon erwachsen und verheiratet sind. Diese Erklärung spielt auf einen wichtigen Aspekt der italienischen Mentalität an und fließt in diese Situation mit Sicherheit ein. Der Hauptgrund für das gezeigte Verhalten liegt aber noch woanders.

Erläuterung zu b):
Den Mittelpunkt italienischer Familien stellen die Kinder dar. Sie sind der ganze Stolz der Familie, der mit ihnen steht und fällt. Nach außen hin repräsentieren sie die Familie und sind für den Erhalt der Familienehre bzw. »bella figura« verantwortlich. Vor allem in noch traditioneller geprägten Regionen Italiens, wie beispielsweise im Süden des Landes oder in der »campagnia« stützt die Familie all ihre Hoffnungen und Erwartungen auf ihren männlichen Nachkommen, den Sohn. Heiratet dieser, so ist der größte Wunsch der Eltern in Erfüllung gegangen. Sie haben ihren Sohn so gut erzogen, dass er nun selbstständig eine Familie gründen wird. Um ihrem Stolz Ausdruck zu verleihen, werden wie in dieser Situation die Hochzeitsphotos schon auch mal beinahe Fremden gezeigt. Weiter spielt in unserem Beispiel auch die Emotionalität (Themenbereich 6) der Italiener eine Rolle, die sich spontan und aus lauter Begeisterung zu etwas hinreißen lassen. So zeigt er in unserem Beispiel seine Photos, obwohl eine Schlange von Kunden wartet. Diese verstehen jedoch die Aufregung und den Stolz des Gemüsehändlers, da sie in einer ver-

gleichbaren Situation vermutlich genau so handeln würden. Die wartenden Kunden reagieren nicht verärgert, was sich auch auf eine generell größere Toleranz der Italiener gegenüber ihren Mitmenschen zurückführen lässt. Sie gestehen dem anderen den Freiraum, den er sich nimmt, zu. »Leben und leben lassen« heißt die Devise, an die der Italiener sich in allen Lebenslagen hält, um immer in einer positiven Beziehung zu seiner Umwelt zu stehen.

Erläuterung zu c):
Italiener sind dafür bekannt, sehr emotionale und aufgeschlossene Menschen zu sein. Sie gehen offen auf ihre Mitmenschen zu und scheinen sofort mit jedem gut Freund zu sein. Zurückzuführen ist diese Eigenart auf eine ausgeprägte »Beziehungsorientierung« (Themenbereich 2) und »Emotionalität« (Themenbereich 6) in der italienischen Kultur. Von Deutschen wird dieses Verhalten mitunter als aufdringlich und distanzlos empfunden, da deren Kultur sich mehr auf »Sachorientierung« als auf zwischenmenschlichen Beziehungsaufbau stützt. In unserem Fall stellt diese Erklärungsmöglichkeit demnach eine typisch deutsche kulturinadäquate Attribution italienischer Verhaltensweisen dar und trifft somit auf beschriebene Situation am wenigsten zu.

Erläuterung zu d):
»Fare bella figura« (eine gute Figur machen) umschreibt einen zentralen Wert in der italienischen Gesellschaft. Er drückt sich aus in höflichem Verhalten, geprägt durch Anstand, Wertschätzung und Respekt seinen Mitmenschen gegenüber. Das Ehepaar Leibl hat bei seinem letzten Einkauf erwähnt, dass eines ihrer Kinder demnächst heiraten wird und sie mit den Vorbereitungen für die Hochzeit beschäftigt sind. Daraufhin hat der italienische Gemüsehändler den Versuch unternommen, seinen deutschen Kunden gegenüber höflich zu sein, sie durch die Präsentation der Hochzeitsphotos seines Sohnes bei den Vorbereitungen zu unterstützen und ihnen wertvolle Tipps zu geben. Denkbar ist diese Lösungsmöglichkeit durchaus, doch gibt uns die Situation keine Hinweise, welche in diese Richtung weisen würden. Ein anderer Aspekt trifft also den Kern des gezeigten Verhaltens noch besser.

39

– Beantworten Sie bitte folgende Frage: Wie würden Sie sich in einer ähnlichen Situation verhalten? Halten Sie ihre Gedanken in schriftlicher Form fest.

■ Lösungsstrategie

Die Höflichkeit verlangt in dieser Situation, sich die Hochzeitsbilder anzusehen und sich anerkennend darüber zu äußern. Komplimente über das wunderschöne Kleid der Braut und das geschmackvolle Ambiente der Hochzeitsfeierlichkeiten werden dem Händler besondere Freude bereiten. Es wird einem in Italien besonders hoch angerechnet, wenn man sich positiv und voller Bewunderung über die Familie seines Gegenübers ausspricht und wird auch so erwartet. Da die Familie der ganze Stolz eines jeden Italieners ist und er sich sehr darüber definiert, verlangt er auch das Interesse seiner Mitmenschen an seinem eigenen Zentrum des Lebens. Zu berücksichtigen ist an dieser Stelle auch die Emotionalität der Italiener, die in Kapitel 6 noch ausführlich zum Thema gemacht werden soll. Äußern sie ihre Bewunderung und Anerkennung, so verpacken sie die Worte in eine sehr theatralische Darstellungsweise. Für Deutsche wirkt diese Art oft übertrieben und etwas aufgesetzt, ist jedoch in Italien völlig normal. So sollten vielleicht auch in einer vergleichbaren Situation die Kommentare, die das deutsche Ehepaar zu den Photos abgibt, in eine möglichst blumige, ausschmückende und ausführliche Sprache verpackt werden. Drückt man seine Bewunderung im deutschen Sinne durch kurze und knappe Bemerkungen aus, so kann es auf italienischer Seite als mangelndes Interesse oder fehlende Anerkennung gewertet werden.

Übertragen lässt sich dieses Verhalten auch auf ähnlich gelagerte Situationen, wie zum Beispiel der Aussprechung von Dank beispielsweise für eine Einladung oder eine Gefälligkeit. Es reicht hier nicht, einmal kurz »Danke« zu sagen. Man sollte sich wiederholt und in überschwänglichem Maße bedanken, um den Eindruck zu vermitteln, dass diese Floskel nicht nur so dahingesagt ist und man es wirklich ernst meint.

40

■ Kulturelle Verankerung von »Familienorientierung«

Barzini vergleicht die italienische Familie mit »einer Burg im Feindesland« (1964, S. 214) und »einem Rettungsanker in den Stürmen und möglichen Schiffbrüchen des Lebens« (Barzini, 1983, S. 215). Italien ist ein Mosaik von Millionen von Familien, die aus blindem Instinkt zusammenhalten. Sie sind Machtzentren, innerhalb deren Mauern die Mitglieder Trost, Hilfe, Rat, Versorgung, Darlehen, Waffen, Verbündete und Komplizen finden, die ihnen bei der Verfolgung ihrer Ziele helfen (Barzini, 1964). Obwohl die Geschlossenheit und der Einfluss der Familie in Italien in letzter Zeit, vor allem im industrialisierten Norden, nicht mehr so ausgeprägt sind wie in der Vergangenheit, stellt sie nach wie vor den wichtigsten Rückhalt für den Einzelnen dar und ist für ihn von unschätzbarem Wert.

Entwickelt hat sich dieses einzigartige Gefüge und die enorme Stärke der Familie als primär entscheidende Institution des Landes durch die ständigen Fremdherrschaften, denen Italien seit dem Niedergang des Römischen Reiches unterworfen war. Araber, Byzantiner, Langobarden, deutsche Kaiser, Normannen, Franzosen, Spanier und Österreicher dominierten das Land bis zu seiner Nationalstaatwerdung im Jahre 1861. Die wechselhafte politische Geschichte Italiens hat dazu geführt, dass sich das italienische Volk nicht mit seinem Staat identifiziert. Es hat gelernt, dass es sich auf staatliche Organe nicht verlassen kann. Auch nach der Vereinigung Italiens hat sich das Verhältnis der Italiener zu ihrer Regierung nicht wesentlich verändert. Ausufernder Bürokratismus, Bestechlichkeit, überhebliches und arrogantes Auftreten vieler Beamter, die ihre Machtposition zum Teil schamlos ausnutzen und die Bürger nicht als Ratsuchende und gleichberechtigte Partner, sondern als Bittsteller wahrnehmen, bestimmen das öffentliche Leben. Auch das politische Leben in Italien ist durch Entfremdung und eine große Distanz des Volkes zu Regierung und Verwaltung gekennzeichnet. Zugrunde liegt ein generelles Misstrauen gegenüber staatlicher Gewalt. Resignation im Umgang mit Behörden bestimmt die italienische Denkweise. Die Italiener sahen sich gezwungen, sich anderweitig weiterzuhelfen.

und zu organisieren, wenn von staatlicher Seite nichts zu erwarten ist. So haben sich die familiären Strukturen als private Absicherung entwickelt und etabliert.

Die Familie fordert von allen ihren Mitglieder Loyalität ein und besitzt immer Priorität. Jeder Familienangehörige hat dafür zu sorgen, dass die Familie verteidigt, reicher und mächtiger gemacht, respektiert und gefürchtet wird, unter Aufwendung aller notwendigen, legitimen, falls möglich, oder illegitimen Mittel (Barzini, 1964). Die Ehre der Familie muss unter allen Umständen gewahrt bleiben. Was Luigi Barzini im geschichtlichen Rückblick so anschaulich beschreibt, lässt sich bis zu einem gewissen Grad vollständig auf die heutige Situation in Italien übertragen. Die italienische Familie stellt nach wie vor die zentrale Instanz für jeden Italiener dar, auch dann noch, wenn er bereits erwachsen ist. Neben der Familie schenken die Italiener höchstens noch ihren engsten Freunden Vertrauen.

Der Zusammenhalt und das familiäre Beisammensein sind den Italienern sehr wichtig. Familienfeste werden, wenn möglich, immer mit der ganzen Verwandtschaft ausgiebig und unter Aufbietung aller Kochkünste der »mamma« gefeiert. Italiener genießen es, zusammen zu sein und sich nach außen hin abzugrenzen. Hinter dieser Betonung des familiären Beisammensein stehen auch berufliche Weiterentwicklung und die Karriere zurück, falls sie die Zeit, die mit der Familie verbracht werden kann, reduzieren sollten.

Die sozialen Verpflichtungen gegenüber der eigenen Kernfamilie enden nicht mit dem Erwachsensein. Auch erwachsene Italiener sind ihr gegenüber noch zu Fürsorge verpflichtet. Wenn sich Familienmitglieder in Geldnot befinden, werden sie ohne Umschweife um Unterstützung bitten und diese auch erhalten. Aber nicht nur in der Kernfamilie, sondern auch darüber hinaus ist gegenseitige Hilfe selbstverständlich. Sehr enge Freundschaften, die oft schon seit der Schulzeit bestehen und denen gegenüber man sich fast in gleichem Ausmaß verpflichtet fühlt wie der eigenen Familie, können nahezu die gleichen Vorzüge in Anspruch nehmen. Für die Familie und diesen engen Freundeskreis gibt der Italiener, wenn nötig, seinen letzten Cent, um sie vor einer finanziell schwierigen Situation oder dem Bankrott zu be-

42

wahren (Barzini, 1964). Italienern fällt es zum Beispiel sehr schwer, sich vorzustellen, dass der ehemalige deutsche Bundeskanzler Schröder einen Cousin besitzt, der arbeitslos ist. Für sie wäre derartiges undenkbar. Befindet sich ein Familienmitglied in einer wichtigen Position, sei es in der Politik oder in der Wirtschaft, so wird es versuchen, das Bestmögliche für die eigenen Angehörigen herauszuholen. Auch heute noch werden wichtige Positionen in mittelständischen Unternehmen mit Familienmitgliedern oder sehr eng befreundeten Personen besetzt. Dieses in Deutschland als »Vetternwirtschaft« verpönte Verhalten findet sich aber nicht nur dort. Auch in großen Unternehmen lässt sich oft beobachten, dass ein neu eingesetzter Geschäftsführer seinen ganzen Stab aus dem alten Unternehmen in das neue mitnimmt und so an allen wichtigen Positionen ihm wohl gesonnene Personen weiß.

Zurückverfolgen lässt sich dieses Verhalten sogar bis ins Papsttum des Mittelalters. Sofort nach ihrer Einsetzung in das Amt des höchsten Würdenträgers der Kirche haben die Päpste oft ihrer Familie alle nur erdenklichen Vorzüge zukommen lassen. Diese reichten von Titeln, über Besetzung von Schlüsselpositionen im öffentlichen und politischen Leben, bis hin zur Verteilung von Ländereien und Vermögenswerten. So wurde beispielsweise Saint Charles Borromeo, ein Neffe von Papst Pius IV im Alter von 22 Jahren zum Kardinal gemacht. Es wird angenommen, dass Paul V Borghese seinen Verwandten im Laufe seiner Amtszeit ein enormes Vermögen zugespielt hat, so dass sie heute noch zu den vier oder fünf führenden Familien der päpstlichen Aristokratie zählen. Sie besitzen immer noch den Palazzo Borghese, bekannt als »cembalo die Roma« (Barzini, 1964).

Die meisten Italiener zeigen in ihrem Verhalten zwei verschiedene Seiten und befolgen zwei unterschiedliche Standards. Ein Verhaltenscodex zeigt seine Wirksamkeit innerhalb des Kreises der Familie, im Umgang mit Verwandten und intimen Freunden, der andere Codex reguliert das Lebens außerhalb. Innerhalb ihrer Verbände wie Familie und enger Freundeskreis sind Italiener solidarisch und verspüren die Verpflichtung der gegenseitigen Hilfe und Verteidigung (Wöltje, 2003). Verlassen sie ihr schützendes Umfeld, so verhalten sie sich egoistisch und halten sich nur an die

Vorschriften, die sie persönlich für sinnvoll und nützlich halten, der Rest wird umgangen (Barzini, 1964). Der Familiencode gebietet den Italienern, dass sie sich innerhalb ihrer engsten Vertrauten verlässlich, ehrlich, vertrauensvoll, gerecht, gehorsam, großzügig, diszipliniert, mutig und fähig, sich selbst aufzuopfern zeigen. Außerhalb dieser Kreise jedoch sehen sie sich einer Gesellschaft und offiziellen Institutionen gegenüber, denen sie kein Vertrauen entgegenbringen, sondern ganz im Gegenteil als feindlich ansehen, solange sie ihre Harmlosigkeit nicht bewiesen haben. Es lässt sich keine »kollektive Ethik« (Piepoli, 1997, S. 86), keine Solidarität und kein Sinn für Gemeinschaftsgüter erkennen. Dieses Misstrauen gegen die Welt außerhalb des familiären Umfeldes resultiert in der Notwendigkeit, persönliche Beziehungen zu den Mitmenschen aufzubauen und eine persönliche Vertrauensbasis zu schaffen. Nur so kann Verbindlichkeit entstehen, die Schutz vor der Gefahr bietet, verraten und hintergangen zu werden. Die Unterstellung schlechter Absichten auch bei den öffentlichen Institutionen hat im Laufe der Geschichte dazu geführt, dass sich eigene familiäre und gesellschaftliche Regelsysteme herausgebildet haben, die es streng zu befolgen gilt, wohingegen die Legislative eher als einschränkender Störfaktor der persönlichen Entfaltung angesehen wird.

Die Rollenverteilungen in italienischen Familien sind noch von traditionellen und religiösen Werten geprägt. Der Vater ist für das finanzielle Auskommen der Familie verantwortlich, wohingegen die Mutter die Verantwortung für den Haushalt und die Kindererziehung übernimmt. Vor allem im Süden des Landes ist diese Struktur noch sehr häufig anzutreffen. Im industrialisierten Norden ist die traditionelle Rollenverteilung weniger ausgeprägt, lässt sich jedoch in den Köpfen der italienischen Männer durchaus noch finden, was sich im Arbeitsumfeld in der Zusammenarbeit mit weiblichen Kolleginnen zeigt.

Der ganze Stolz italienischer Familien sind ihre Kinder. Sie werden mit Liebe überschüttet und nach deutschem Maßstab eher überbehütet. Sie werden vor allen negativen Einflüssen von außen bewahrt und wachsen in einer »heilen Welt« auf, die man ihnen so lange wie möglich bewahren möchte. Dem Wunsch der Eltern entspricht es auch, dass die erwachsenen Kinder sehr lange

44

zu Hause wohnen bleiben und oft erst zu ihrer Hochzeit in eine eigene Wohnung ziehen. Auf diese Weise können die Eltern über ihre Kinder wachen und sie davor bewahren, auf die schiefe Bahn zu geraten. Kinder repräsentieren die Familie nach außen und stehen für deren »bella figura«. Fällt ein Kind als Erwachsener negativ in der Gesellschaft auf, so wird dieses Fehlverhalten nicht ihm angelastet, sondern dann heißt es »Der Sohn/die Tochter von ...« Das Kind bringt Schande über die ganze Familie und nicht nur über sich selbst.

Der positive Aspekt dieses Kulturstandards liegt ohne Zweifel darin, dass im italienischen Berufsleben eine angenehme Arbeitsatmosphäre herrscht. Ist erst eine tragfähige Beziehung aufgebaut, gewährt man sich unter Kollegen mehr Einblick in private Angelegenheiten.

Negativ erscheint vielen Deutschen die Tatsache, dass der Beruf in manchen Fällen hinter der Familie zurückstehen muss, wodurch ihrer Meinung nach oft die Sache, also die Arbeit, leidet. Auch werden Arbeitsplätze in Unternehmen häufig nach dem Kriterium des Bekanntschafts- und Verwandtschaftsgrades und nicht primär nach Fähigkeiten vergeben. Wenn möglich, bedienen sich Italiener auch heute noch der weit gefassten sozialen Netzwerke, deren Verbindungen als verpflichtend angesehen werden. Ein weiterer Punkt, der vielen Deutschen negativ auffällt, ist die vielerorts noch spürbare traditionelle Rollenverteilung, deren Auswirkungen sich auch am Arbeitsplatz finden lassen.

Themenbereich 2: Beziehungsorientierung

Beispiel 5: Kalenderchaos

Situation

Herr Wallner lebt seit fünf Jahren in Italien und arbeitet dort als Geschäftsführer eines deutschen Tochterunternehmens, das er dort ganz neu aufgebaut hat. Als Dienstleister beliefert die Firma regelmäßig ihre Kunden und hinterlässt ihnen bei der Gelegenheit immer einen Kalender, auf dem die nächsten Liefertermine genau vermerkt sind. Eines Tages kommt Herr Wallner an der Rezeption seines Unternehmens vorbei und hört, wie die Sekretärin einem Kunden die nächsten Liefertermine am Telefon durchgibt. Als sie das Gespräch beendet hat, fragt er sie, ob dieser Kunde keinen Kalender mit allen Daten erhalten habe. Die Sekretärin antwortet, dass er ihn schon bekommen hätte. Doch es sei so, dass fast alle Kunden des Unternehmens ständig anrufen und nach den Terminen fragen würden, ohne den Kalender zu benützen. Herr Wallner kann nicht verstehen, warum die Kunden diesen Kalender nicht nutzen und stattdessen ständig in der Firma anrufen, um die Termine zu erfahren. Der Sekretärin geht so wichtige Zeit verloren, in der sie sich mit anstehenden Aufgaben beschäftigen könnte.

Wie lässt sich das Verhalten der Kunden erklären?

– Lesen Sie nun die Antwortalternativen nacheinander durch.
– Bestimmen Sie den Erklärungswert jeder Antwortalternative für die gegebene Situation und kreuzen Sie ihn auf der darunter liegenden Skala entsprechend an. Es ist möglich, dass mehrere Antwortalternativen den gleichen Erklärungswert besitzen.

47

■ Deutungen

a) Die italienischen Kunden finden ihre Kalender nicht mehr und bevor sie sich auf eine lange Suche machen, greifen sie zum Telefon.

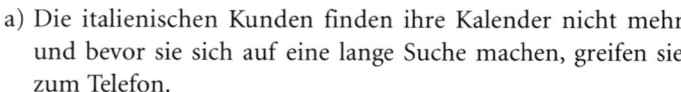

| sehr zutreffend | eher zutreffend | eher nicht zutreffend | nicht zutreffend |

b) Zeit ist in Italien nicht Geld, was in einer anderen Arbeitsauffassung seitens der Kunden resultiert.

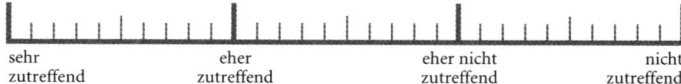

| sehr zutreffend | eher zutreffend | eher nicht zutreffend | nicht zutreffend |

c) Die kontaktfreudigen Kunden suchen lieber das verbindlichere persönliche Gespräch und plaudern mit der Sekretärin, bevor sie in den Kalender schauen.

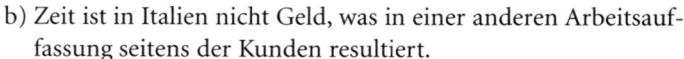

| sehr zutreffend | eher zutreffend | eher nicht zutreffend | nicht zutreffend |

d) Schriftlichen Verlautbarungen wie dem Terminkalender wird nur bedingt Glauben geschenkt.

| sehr zutreffend | eher zutreffend | eher nicht zutreffend | nicht zutreffend |

– Versuchen Sie, Ihre Einstufung jeder Antwortalternative zu begründen. Halten Sie die Begründung in schriftlicher Form stichpunktartig fest.

– Lesen Sie nun die Erläuterungen zu jeder Antwortalternative und vergleichen Sie diese mit Ihren eigenen Begründungen.

48

■ Bedeutungen

Erläuterung zu a):
»L'arte die arrangiarsi« ist eine Kunst, die die Italiener in Perfektion beherrschen. Darunter ist die Fähigkeit zu verstehen, eine Situation kreativ und flexibel zu meistern, auch mal um die Ecke zu denken und unkonventionelle Methoden anzuwenden. So setzen sich die italienischen Kunden nicht lange mit der Suche nach ihren Kalendern auseinander. Sie würden es als Zeitverschwendung ansehen, da der Kalender womöglich weggeschmissen wurde und nicht mehr auffindbar ist. Diese Zeit lässt sich anders sinnvoller nutzen. Sie wählen also den schnelleren und nahe liegenderen Weg, das Telefon. Obwohl diese Erklärung zum Teil auf die eben beschriebene Situation zutreffen mag, ist der Hauptgrund dennoch in einer anderen Antwortalternative zu suchen.

Erläuterung zu b):
Dem »dolce vita«, dem Genießen des Lebens in all seinen Facetten wird in Italien ein hoher Stellenwert beigemessen. Der Italiener erfreut sich an einem guten Glas Wein, einem netten Gespräch mit Freunden, einem Kaffee an der Bar. In der Tat gilt das Sprichwort »Zeit ist Geld« in Italien nicht in dem Maße wie in Deutschland. Im alltäglichen Leben setzt der Italiener andere Prioritäten und geht von einem anderen Zeitverständnis aus. Während die Deutschen von einem monochronen Zeitverständnis geprägt sind und lieber konsekutiv eine Aufgabe nach der nächsten erledigen, sehen Italiener in Zeit einen flexibleren Begriff und widmen sich oft mehreren Arbeiten parallel. Viele Deutsche interpretieren das gezeigte Verhalten auch im Sinne einer geringeren Arbeitsmoral auf italienischer Seite. Unser Beispiel lässt sich jedoch nicht mit geringerer Arbeitsmoral erklären. Zwar lässt sich wie in jedem anderen Land auch in Italien bei manchen Personen eine geringere Motivation im Arbeitskontext antreffen. Dabei handelt es sich jedoch um individuelle Eigenheiten. Sie beziehen sich keinesfalls auf kulturelle Orientierungen und sind daher nicht generalisierbar. Gerade im Geschäftsalltag zeigen Italiener große Motivation. Ihre Arbeitszeit ist mitunter sogar länger als in Deutschland. Zeit ist zwar nicht in diesem Aus-

49

maß Geld, wie das in Deutschland der Fall ist, der kulturelle Grund, der hinter dem Verhalten der Kunden steht, ist dennoch anderswo zu suchen.

Erläuterung zu c):
Italiener lieben den zwischenmenschlichen Kontakt. Es wird nicht nur angerufen, um Informationen zu erhalten, sondern vor allem, um Kontakte und Beziehungen zu pflegen. Der Aufbau von persönlichen Beziehungen ist den Italienern sehr wichtig, da er für sie im geschichtlichen Rückblick zur zentralen Überlebensstrategie geworden ist. Durch persönlichen Kontakt wird Verbindlichkeit und eine gemeinsame Vertrauensbasis erzeugt. Das Misstrauen, das Italiener fremden Personen gegenüber hegen, wird so bis zu einem gewissen Grad abgebaut. Die Pflege von Kontakten, beispielsweise zu den Sekretärinnen des Unternehmens, trägt dazu bei, Hindernisse leichter umgehen zu können und bei etwaigen Problemen in der Zukunft auf ein tragendes Beziehungsnetzwerk zurückgreifen zu können. Dies ist die allgemein gültigste Erklärung.

Erläuterung zu d):
In Italien hegt man großes Misstrauen und Ablehnung gegenüber offiziellen Institutionen und der Bürokratie. Da Unvorhergesehenes und Ausnahmen in der italienischen Alltagspraxis zur Normalität zu rechnen waren und auch noch sind, wird schriftlichen Verlautbarungen nur bedingt vertraut. Sie könnten bereits überholt sein oder nicht der Wahrheit entsprechen. Einer »frischen« mündlichen Auskunft wird deshalb eher Vertrauen geschenkt als einem schriftlich ausgearbeiteten Terminkalender. Sie erzeugt Verbindlichkeit. »In Italien gilt im Zweifelsfall schon eher die Auskunft des Hausmeisters als die des Studienführers«. So umschreibt ein Italiener treffend diese misstrauische Haltung. Auch die Kunden in vorliegender Situation gehen möglicherweise davon aus, dass der Terminkalender von Herrn Wallners Firma nicht mehr auf dem aktuellsten Stand sein könnte und erkundigen sich lieber persönlich nach den Lieferterminen. Diese Erklärung ist sehr wahrscheinlich richtig, ein wichtiger Gesichtspunkt fehlt aber noch. Er wird in einer anderen Antwort angesprochen.

50

– Beantworten Sie bitte folgende Frage: Wie würden Sie sich in einer ähnlichen Situation verhalten? Halten Sie ihre Gedanken in schriftlicher Form fest.

■ Lösungsstrategie

In einer vergleichbaren Situation ist es zwar möglich, Kritik an den Sekretärinnen oder Kunden zu üben, nur sollte diese eine relativ indirekte Form wahren. Wird ein Italiener zu direkt kritisiert, wie das Deutsche aufgrund ihres Kulturstandards des »schwachen Kontextes« gewöhnt sind, verliert dieser sein Gesicht, seine »bella figura« und fühlt sich nicht nur fachlich sondern auch persönlich sehr stark angegriffen. Auch würde Herr Wallner als Vorgesetzter eine »brutta figura« (schlechte Figur) machen, wenn er seine Mitarbeiterinnen oder die Kunden aufgrund ihres Verhaltens offen kritisieren würde. So wäre es in vorliegender Situation vielmehr angebracht, den Sekretärinnen mit einem Lächeln klar zu machen, dass der Kalender sowohl für sie selbst und somit das Unternehmen, als auch für die Kunden zeit- und kostensparender wäre. Er könnte ihnen mitteilen, dass sie die Kunden bei ihren nächsten Gesprächen darauf hinweisen sollten, dass sie lieber zuerst einen Blick auf ihren Terminkalender werfen sollten, bevor sie sich im Unternehmen melden.

Auf der anderen Seite ist es vielleicht auch nicht ratsam, diesen persönlichen Kontakt der Kunden zum Unternehmen zu unterbinden. Durch die kleinen zwischenmenschlichen Gespräche am Rande eines Geschäftes gewinnen die Kunden Vertrauen in das Unternehmen. Sie haben den positiven Eindruck, dass sie wertgeschätzt werden und sich seitens des Unternehmens um die Belange der Kunden gekümmert wird. So lange diese Gespräche das Arbeitspensum der Sekretärinnen nicht beeinträchtigen ist es daher womöglich förderlich für das Unternehmen, sie nicht zu unterbinden.

▉ Beispiel 6: Das Mittagessen

▉ Situation

Frau Berger lebt seit zwei Jahren in Italien und arbeitet dort bei einem deutschen Kulturinstitut in leitender Position. Eine Aufgabe von Frau Berger ist, ihr Institut so gut wie möglich in das Gastland zu integrieren, das heißt, Veranstaltungen in Zusammenarbeit mit italienischen Kulturinstituten zu planen. Deshalb hat sie einen Termin mit Frau Cafaro, einer potenziell wichtigen Person für zukünftige Zusammenarbeiten, vereinbart. Das italienische Institut, in dem Frau Cafaro beschäftigt ist, liegt einige Stunden Fahrt von ihrem Arbeitsplatz entfernt. Frau Berger fährt mit der Erwartung dort hin, dass Frau Cafaro ihr zunächst ihr Institut zeigen würde, die Inhalte ihrer Arbeit erläutert, ihre Vorstellungen über eine Zusammenarbeit formuliert und eventuell schon einige gemeinsame Veranstaltungstermine für das kommende Jahr festgesetzt werden. Als Frau Berger dort ankommt, sagt Frau Cafaro, sie hätte einen Tisch in einem Restaurant bestellt. Sie gehen Essen, unterhalten sich drei Stunden über alles Mögliche, nur nicht über das Geschäftliche. Anschließend verabschiedet sich Frau Cafaro und sagt, dass es schön wäre, wenn sie sich wieder sehen würden. Frau Berger tritt völlig enttäuscht ihre Rückfahrt an, weil sich aus diesem viel versprechenden Termin nichts ergeben hat.

Wie lässt sich das Verhalten von Frau Cafaro erklären?

– Lesen Sie nun die Antwortalternativen nacheinander durch.
– Bestimmen Sie den Erklärungswert jeder Antwortalternative für die gegebene Situation und kreuzen Sie ihn auf der darunter liegenden Skala entsprechend an. Es ist möglich, dass mehrere Antwortalternativen den gleichen Erklärungswert besitzen.

▉ Deutungen

a) Frau Cafaro weiß, dass ihr Institut nicht wirklich an einer Zusammenarbeit mit dem deutschen kulturellen Institut interessiert ist. Um sich selbst nicht bloßzustellen, es Frau Berger schonend beizubringen und sie nicht mit negativen Dingen zu belasten, spricht sie das Thema erst gar nicht an, sondern umgeht es durch ein geselliges Mittagessen.

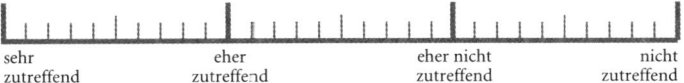

| sehr zutreffend | eher zutreffend | eher nicht zutreffend | nicht zutreffend |

b) Frau Cafaro will Frau Berger besser kennen lernen, bevor es zu einer Zusammenarbeit kommt und deswegen lädt sie sie erst einmal zum Mittagessen ein.

| sehr zutreffend | eher zutreffend | eher nicht zutreffend | nicht zutreffend |

c) Das Geschäftsessen ist im Etat der italienischen Unternehmen und Institute eingeplant und deswegen lädt Frau Cafaro ihre deutsche Kollegin zum Mittagessen ein.

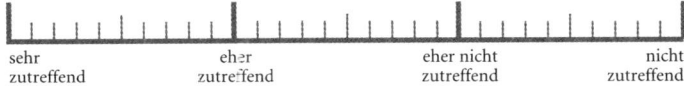

| sehr zutreffend | eher zutreffend | eher nicht zutreffend | nicht zutreffend |

d) Italiener sind eher chaotisch. Sie sind Lebemenschen und keine Arbeitstiere. Wenn man möchte, dass die eigenen Themen wirklich auch behandelt werden, muss man sich selbst eine Agenda schreiben und versuchen, diese durchzuziehen.

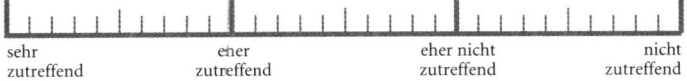

| sehr zutreffend | eher zutreffend | eher nicht zutreffend | nicht zutreffend |

– Versuchen Sie, Ihre Einstufung jeder Antwortalternative zu begründen. Halten Sie die Begründung in schriftlicher Form stichpunktartig fest.
– Lesen Sie nun die Erläuterungen zu jeder Antwortalternative und vergleichen Sie diese mit Ihren eigenen Begründungen.

■ Bedeutungen

Erläuterung zu a):
Für Italiener ist es sehr wichtig, dass eigene Gesicht und das des Gegenübers zu wahren. In Kapitel 5 soll dieser Kulturstandard noch explizit zum Thema gemacht werden. So werden Absagen beispielsweise in eine indirekte Form der Kommunikation verpackt, um keine negative Atmosphäre herzustellen und den anderen oder die eigene Person nicht bloßstellen zu müssen. Direkte Kommunikation, wie sie im deutschen Kulturraum üblich ist, wirkt auf Italiener abschreckend und führt dazu, dass sie sich zurückziehen und keine zielführende Kommunikation mehr möglich ist. Sie fühlen sich bloßgestellt und sehen dieses Verhalten als unhöflich, respekt- und anstandslos an. So kann es zwar vorkommen, dass italienische Geschäftspartner eine Absage in ein schönes Essen, wie in unserem Beispiel, verpacken. Doch würde das unvermeidliche Thema dann doch nach einiger Zeit angesprochen werden müssen. Aus diesem Grund erklärt eine andere Antwort das geschilderte Verhalten besser.

Erläuterung zu b):
Frau Berger hat aus ihrer typisch deutschen Sicht heraus den Zweck des Treffens missverstanden. Ihrer italienischen Kollegin ging es erst einmal nicht darum, geschäftliche Dinge zur Sprache zu bringen, sondern um den Aufbau einer Beziehung zwischen den beiden zukünftigen Kolleginnen. Dies ist die wichtigste Investition in erfolgreiche Geschäfte in Italien. Erst wenn man sich kennen gelernt hat und eine gute persönliche Beziehung zwischen den Geschäftspartnern entstanden ist, wird über die Sache an sich gesprochen. Für Frau Berger hat es den Anschein, als ob das Treffen sinnlos gewesen wäre und zu keinem Ergebnis geführt habe. Doch Frau Cafaro hat dieses Mittagessen ganz bewusst inszeniert. Erst wenn eine freundliche und entspannte Atmosphäre entstanden ist, tastet sich der Italiener langsam an geschäftliche oder auch schwierige Themen heran. Diese Antwort ist als handlungswirksam für die vorgestellte Situation anzusehen.

54

Erläuterung zu c):

In Italien ist das Budget für derart umfangreiche Geschäftsessen tatsächlich in den Etat von Unternehmen und auch öffentlichen Institutionen eingeplant. Der größere finanzielle Aufwand, den Unternehmen und Institutionen für geschäftliche Essen einplanen, resultiert aus der Bedeutung, die in Italien auf den Aufbau einer persönlichen Beziehung zu Geschäftspartnern gelegt wird. Diese Antwortalternative stellt demnach nur eine Folge der zugrunde liegenden kulturellen Orientierung dar.

Erläuterung zu d):

Italiener handeln in vielerlei Hinsicht nicht so strikt und langfristig planorientiert wie Deutsche. Vieles geschieht eher spontan und man lässt die Dinge sich entwickeln. Entsprechend dem polychronen Zeitverständnis, welches im Kapitel »Flexibler Umgang mit Regeln« vorgestellt wird, nehmen sich Italiener für vermeintlich unwichtige Arbeitsessen mehr Zeit und hetzen nicht durch ihren Tag. Doch all dies bedeutet keineswegs, dass die italienische Kollegin chaotisch oder unorganisiert ist. Sie setzt lediglich andere Prioritäten, was bedeutet, dass im Bezug auf die Entwicklung einer geschäftlichen Beziehung zunächst der Aufbau einer persönlichen Beziehung auf der Tagesordnung steht. Auf Frau Berger wirkt dieses Verhalten nur chaotisch, weil sie von ihren Gepflogenheiten ausgeht und die Absichten der Kollegin nicht erkennt. Der Vorschlag, sich eine Agenda zu machen und diese rigoros abzuhaken, ist vor allem in der Anfangsphase kontraproduktiv. Es würde die Absichten der Italiener zerstören und sie verstimmen.

– Beantworten Sie bitte folgende Frage: Wie würden Sie sich in einer ähnlichen Situation verhalten? Halten Sie ihre Gedanken in schriftlicher Form fest.

■ Lösungsstrategie

Von entscheidender Bedeutung für den Verlauf der Situation ist, dass Italiener sehr viel Wert auf zwischenmenschlichen Kontakt auch in beruflicher Situationen legen. Bis eine Geschäftsbeziehung aufgenommen werden und anlaufen kann, vergeht nach deutschen Maßstäben oft relativ viel Zeit. Italiener sind bestrebt, ihren zukünftigen Geschäftspartner erst einmal kennen zu lernen, um abschätzen zu können, ob eine Kooperation gelingen kann oder nicht. So beginnt beinahe jede geschäftliche Zusammenarbeit mit einem ausgiebigen Arbeitsessen. In dessen Verlauf unterhält man sich meist nur über geschäftlich belanglose und alltägliche Dinge, was dazu dient, den zukünftigen Partner nicht nur auf der beruflichen, sondern auch auf der persönlichen Ebene kennen zu lernen. Nur so kann eine vertrauensvolle und verbindliche Basis hergestellt werden. Geschieht dies nicht, so entsteht kein gutes Arbeitsklima, die Zusammenarbeit ist vielmehr von Misstrauen gekennzeichnet und steht unter keinem guten Stern.

Der Deutsche kann in einer Situation wie der beschriebenen oft ungeduldig werden, weil er es vor dem Hintergrund seiner, durch »Sachorientierung« geprägten Kultur gewöhnt ist, die Fakten sogleich anzusprechen und auf den Tisch zu legen. Es erscheint ihm nicht wichtig, seinen Partner auch auf persönlicher Ebene kennen zu lernen. Für ihn reicht es vollkommen zu wissen, ob sein Gegenüber sich in beruflichen Belangen auskennt und mit ihm eine Zusammenarbeit auf professioneller Ebene möglich ist. Ob er seinen neuen Geschäftspartner sympathisch findet oder nicht, ist dabei eher zweitrangig.

Für einen Deutschen ist es in dieser Situation ratsam, nicht mit der Tür ins Haus zu fallen und noch vor dem Mittagessen auf einer Besprechung der Vorstellungen einer gemeinsamen Zusammenarbeit, einer Institutsführung oder gar der Festlegung von Veranstaltungsterminen zu bestehen. Frau Cafaro würde sich davon überfordert fühlen, weil sie ihre eventuelle zukünftige Kollegin erst einmal besser kennen lernen will, bevor sie über geschäftliche Themen zu sprechen bereit ist. Für sie steht unter Umständen noch gar nicht fest, ob es definitiv zu einer Zusammenarbeit kommen wird. Italiener machen viel von dem persönlichen Eindruck abhängig, den ihr Gegenüber auf sie macht, und so könnte es durchaus möglich sein, dass sich Frau Cafaro nach dem gemeinsamen Mittagessen gegen eine Zusammenarbeit mit Frau Berger entscheidet.

56

Ratsam ist es, die Essenseinladung einfach anzunehmen und sich die Zeit zu nehmen, mit der italienischen Kollegin auf ein Schwätzchen zusammenzusitzen. Man sollte versuchen, von der deutschen Arbeitsweise und Erwartungshaltung, die auf Sachorientierung beruht und aufgrund derer man mit einem klaren Ziel vor Augen und exakten zeitlichen Vorstellungen in eine Besprechung geht, wegzukommen und sich auf die Schaffung einer persönlichen Beziehung zu seinen Geschäftspartnern zu konzentrieren. Denn nur so kann der Deutsche damit rechnen, dass ihm offen und ehrlich begegnet wird und er nicht misstrauisch beäugt und »furbo« (hinterlistig) behandelt wird. Nur mit einem tragfesten Beziehungsnetz lässt sich in Italien etwas erreichen, sei es in der Wirtschaft, der Politik oder im privaten Umfeld.

Natürlich wäre es auch möglich, dass Frau Berger ihre Erwartungen klar ausspricht und die italienische Kollegin bittet, ihr ihr Institut zu zeigen und über ihre Arbeit zu sprechen. Doch dies geschieht am besten erst im Verlauf des Essens bzw. gegen Ende, um die aufgebaute Atmosphäre nicht zu zerstören und der Kollegin vorher die Möglichkeit zu geben, sich ein Bild über ihr Gegenüber zu machen und dieses einschätzen zu können.

■ Beispiel 7: Schneller Aufbruch

■ Situation

Frau Hofer lebt seit zwei Jahren in Italien und arbeitet als Leiterin der Auslandsabteilung in einem großen deutschen Bankkonzern. Einige Zeit bevor sie hier zu arbeiten anfing, wurde Frau Hofer an einem Freitagabend zur Verabschiedung ihres zukünftigen Chefs nach Italien eingeladen. Es waren etwa 20 geladene Gäste anwesend, lauter Italiener. Es gab zu dieser Feier ein opulentes Abendessen. Nachdem der Nachtisch serviert wurde, standen plötzlich alle auf. Frau Hofer dachte, dass man jetzt den Abend noch in einer Bar ausklingen lassen wolle und erhob sich auch. Doch die italienischen Kollegen verabschiedeten sich alle und gingen sofort nach dem Essen nach Hause. Frau Hofer war sehr irritiert.

Wie lässt sich das Verhalten der italienischen Kollegen erklären?

- Lesen Sie nun die Antwortalternativen nacheinander durch.
- Bestimmen Sie den Erklärungswert jeder Antwortalternative für die gegebene Situation und kreuzen Sie ihn auf der darunter liegenden Skala entsprechend an. Es ist möglich, dass mehrere Antwortalternativen den gleichen Erklärungswert besitzen.

■ Deutungen

a) Ein Abendessen ist ein Abendessen und ein Barbesuch gehört für Italiener generell nicht mehr dazu. Im Allgemeinen wird sowieso weniger Alkohol konsumiert als in Deutschland.

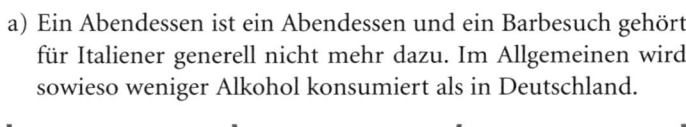

| sehr | eher | eher nicht | nicht |
| zutreffend | zutreffend | zutreffend | zutreffend |

b) Italiener sind Individualisten, die sich nicht gern in ein formales Schema pressen lassen. Nachdem der offizielle Teil des Abends vorbei ist, legen ihnen Anstand und Höflichkeit keinen Zwang mehr auf, noch länger zu bleiben.

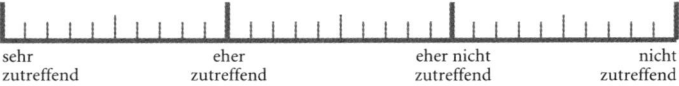

| sehr | eher | eher nicht | nicht |
| zutreffend | zutreffend | zutreffend | zutreffend |

c) Italiener stecken die Grenzen zwischen verschiedenen Lebensbereichen klar ab.

| sehr | eher | eher nicht | nicht |
| zutreffend | zutreffend | zutreffend | zutreffend |

d) Wenn der nächste Tag ein Arbeitstag ist, ist es normal, dass alle nach Hause gehen. Es wäre unhöflich, noch länger zu bleiben.

| sehr | eher | eher nicht | nicht |
| zutreffend | zutreffend | zutreffend | zutreffend |

58

– Versuchen Sie, Ihre Einstufung jeder Antwortalternative zu begründen. Halten Sie die Begründung in schriftlicher Form stichpunktartig fest.
– Lesen Sie nun die Erläuterungen zu jeder Antwortalternative und vergleichen Sie diese mit Ihren eigenen Begründungen.

■ Bedeutungen

Erläuterung zu a):
In der Tat ist es in Italien so, dass man entweder zum Abendessen eingeladen wird und dieses dann auch wirklich nach dem Essen vorbei ist oder noch ein Barbesuch eingeplant ist. Diese Einladung würde jedoch unmissverständlich als »dopo cena« (nach dem Abendessen) bezeichnet werden. Ist dies nicht der Fall, so ist der Ausklang des Abendessens in einer Bar auch nicht mehr vorgesehen. Der Alkoholkonsum ist in Italien im Vergleich zu Deutschland geringer. Vor allem zum Essen wird meist nur ein Gläschen Wein getrunken und nicht mehr. Nach dem Essen noch lange sitzen zu bleiben und weitere (alkoholische) Getränke zu bestellen, ist ungewöhnlich. Es kann durchaus vorkommen, dass der Deutsche in einem Restaurant nach dem Abendessen noch ein Glas Wein bestellen möchte, der Ober ihm dies jedoch verweigert. Man würde dieses Verhalten aus deutscher Sichtweise dann vermutlich als unhöflich auslegen und wütend auf seiner Bestellung beharren, doch in Italien bleibt ein Abendessen eben nur ein Abendessen, und nicht mehr. Vorliegende Situation kann jedoch dadurch nicht vollständig erklärt werden, da ein wichtiger Aspekt der italienischen Kultur unberücksichtigt bleibt.

Erläuterung zu b):
Italiener werden von vielen Deutschen als egoistisch und allzu individualistisch wahrgenommen. Sie scheinen nur auf ihren eigenen Vorteil bedacht zu sein und wenig Rücksicht auf ihre Mitmenschen zu nehmen. Zurückführen lassen sich diese Verhaltensweisen neben dem Kulturstandard der »Familienorientierung« (Themenbereich 1) auf den »flexiblen Umgang mit Regeln« (Themenbereich 3) und das ausgeprägte Bestreben, in jeder

Situation im Mittelpunkt zu stehen. Da es sich bei diesem Abendessen um eine Einladung durch den Chef und somit einen formalen Abend handelt, sind viele der Kollegen nur aus Höflichkeit und Anstand gekommen und um ihre »bella figura« zu wahren, auf welche in Kapitel 5 »Identitätsbewusstsein« noch genauer eingegangen werden soll. Sie sind so lange geblieben, wie es unbedingt nötig war, um einen guten Eindruck bei ihrem Vorgesetzten zu hinterlassen und haben dann sofort die Gelegenheit ergriffen, sich zu verabschieden. In vollem Umfang lässt sich diese Erklärungsalternative jedoch nicht auf diese Situation anwenden, da sich das abrupte Ende eines Abends nach dem Essen auch in weniger formalen Kreisen finden lässt.

Erläuterung zu c):
Mit Kollegen isst man in Italien entweder geschäftlich zu Mittag, geht nach Feierabend noch einen Aperitivo trinken oder geht zu einem gemeinsamen Abendessen aus. Danach wird in der Regel kein Alkohol mehr getrunken und es findet nichts »Geschäftliches« mehr statt. Nur im privaten Kreis würde man nach einem Abendessen vielleicht noch eine Diskothek aufsuchen. Überschneidungsbereiche des beruflichen und privaten Lebens sind in Italien klar durch ein informelles Regelwerk determiniert. Es steht nirgends geschrieben, doch jeder hält sich daran. Bei oberflächlicher Betrachtung hat man aus deutscher Sichtweise zunächst den Eindruck, dass Italiener weniger stark zwischen ihrem privaten und professionellen Leben trennen, doch dieser Eindruck täuscht. Bis zu einem gewissen Grad vermischen sie zwar diese beiden Seiten des Lebens, berufliche Beziehungen überschreiten jedoch nie eine gewisse Grenze. Diese Erklärung vermag es, die Situation vor ihrem kulturgeschichtlichen Hintergrund am besten verständlich zu machen.

Erläuterung zu d):
Italiener legen sehr viel Wert auf höfliches Verhalten und Respekt ihren Mitmenschen gegenüber. So gebietet es die Höflichkeit, bei einer Abendeinladung nicht länger als bis 24 Uhr zu bleiben, wenn der nächste Tag ein Arbeitstag ist. Würde man länger im Haus des Gastgebers verweilen, zumal bei einer offiziellen Einla-

60

dung, würde dies als Unhöflichkeit gelten. Da vorliegendes Abendessen jedoch zum einen an einem Freitag und zum anderen in den Räumlichkeiten der Bank stattgefunden hat, lässt sich die kulturadäquate Erklärung andernorts ansiedeln.

– Beantworten Sie bitte folgende Frage: Wie würden Sie sich in einer ähnlichen Situation verhalten? Halten Sie ihre Gedanken in schriftlicher Form fest.

■ Lösungsstrategie

Frau Hofer hätte im Vorfeld bei einigen deutschen Kollegen, die in Italien tätig sind, Erkundigungen über den Ablauf einer formalen Einladung einziehen können. So hätte sie sich ein besseres Bild machen zu können, was sie an einem Abend wie diesem erwartet. Da vergleichbare Situationen im beruflichen Umfeld häufig vorkommen, auch in Form von privaten Einladungen durch Arbeitskollegen, ist es ratsam, sich dieses informelle Regelwerk nach und nach anzueignen. Da die Italiener diese Regeln schon von klein auf vermittelt bekommen und sie für sie eine Art ungeschriebenen Codex darstellen, ist es für den Ausländer zunächst sehr schwierig, einen Überblick darüber zu erhalten. Das gesamte öffentliche und persönliche Leben ist durchdrungen von diesen Gesetzmäßigkeiten, die für Deutsche zunächst chaotisch und willkürlich wirken mögen. Im Kapitel »Flexibler Umgang mit Regeln« soll dieser Punkt noch ausführlich behandelt werden. Wichtig ist es zunächst nur festzuhalten, dass man als Deutscher versuchen sollte, sich langsam an dieses Regelwerk heranzutasten. Es bestimmt und reglementiert den Überschneidungsbereich des persönlichen und beruflichen Lebens. Nur so können ein ständiges Anecken und Missverständnisse vermieden werden. Einige weitere Situationsbeispiele aus dem Überschneidungsbereich beruflichen und privaten Lebens sollen dieses ungeschriebene Regelwerk verdeutlichen:

1. Eine Deutsche berichtet von einem sehr fröhlichen und ausgelassenen Skiurlaub, den sie zusammen mit ihren Kollegen verbracht hat. Es herrschte eine sehr schöne Atmosphäre und alle haben sich gut verstanden. Als sie einige Zeit nach dem Skiur-

61

laub immer wieder versucht, privat etwas mit ihren Kollegen zu unternehmen, wird sie ständig versetzt und vertröstet. In dieser Situation zeigt sich auch eine klare Regelung des privaten Umgangs von Arbeitskollegen untereinander, die es zu respektieren gilt, um nicht als aufdringlich empfunden zu werden.

2. Ist man bei seinem Vermieter oder seinem Vorgesetzten zu Hause eingeladen, so ziemt es sich, sich gegen 24 Uhr oder bald nach dem Abendessen zu verabschieden. Länger zu bleiben, würde als unhöflich aufgefasst werden.

Sollte Frau Hofer in der beschriebenen Situation noch das Ziel verfolgt haben, weitere Informationen über ihre zukünftige Arbeitsstelle einzuholen, was sie aufgrund des baldigen Endes der Feier nicht mehr geschafft hat, so sollte sie sich darum bemühen, am nächsten Tag einen Termin in ihrer Bank zu erhalten. Am besten wäre es, zu versuchen, den für sie wichtigen Kreis an Mitarbeitern zu einem gemeinsamen Mittagessen einzuladen. Da den Italienern, trotz einer gewissen Trennung privater und beruflicher Belange, der Aufbau einer persönlichen Beziehung auch im Arbeitsumfeld sehr am Herzen gelegen ist, wird sie so am schnellsten das Vertrauen und die Sympathie ihrer zukünftigen Kollegen erlangen und leichter an Informationen gelangen, als dies im Rahmen eines formalen Besprechungstermins möglich wäre. Hier kann man auch auf die Flexibilität der Italiener zählen. Sie planen nicht lange im Voraus, sondern stellen sich kreativ und spontan den situativen Anforderungen und sind daher einer kurzfristigen Einladung zu einem gemeinsamen Mittagessen mit Sicherheit nicht abgeneigt.

■ Beispiel 8: Kaffeepause

■ Situation

Frau Schäfer lebt seit zwei Jahren in Italien und arbeitet als Leiterin der Auslandsabteilung in einem großen deutschen Bankkonzern. An ihrem ersten Arbeitstag in der Bank bemerkt sie, dass zwischen 10.00 und 11.00 Uhr vormittags fast niemand in

62

ihrer Abteilung ist und beobachtet ein ständiges Kommen und Gehen. Sie fragt einen ihrer italienischen Kollegen, warum niemand im Büro sei. Er antwortet ihr, dass um diese Zeit immer alle die Bank verlassen und in einer Bar noch einen Kaffee trinken gehen würden. Frau Schäfer ist irritiert davon, dass ihre Mitarbeiter während der Arbeitszeit so einfach die Bank verlassen dürfen und ärgert sich, dass niemand an seinem Platz ist.

Wieso verlassen die italienischen Kollegen einfach eigenmächtig die Bank und nehmen sich diese Kaffeepause?

– Lesen Sie nun die Antwortalternativen nacheinander durch.
– Bestimmen Sie den Erklärungswert jeder Antwortalternative für die gegebene Situation und kreuzen Sie ihn auf der darunter liegenden Skala entsprechend an. Es ist möglich, dass mehrere Antwortalternativen den gleichen Erklärungswert besitzen.

■ Deutungen

a) Italiener frühstücken in der Regel sehr wenig. Sie trinken lediglich einen Cappuccino und essen ein Croissant. Aus diesem Grund treibt sie der Hunger zu diesem zweiten Frühstück.

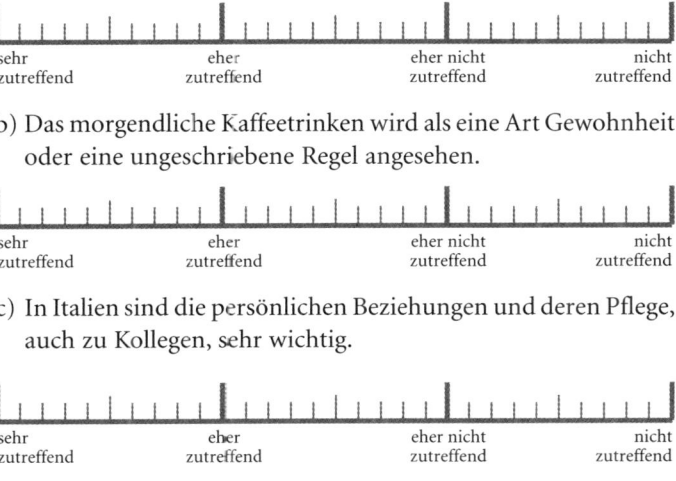

| sehr zutreffend | eher zutreffend | eher nicht zutreffend | nicht zutreffend |

b) Das morgendliche Kaffeetrinken wird als eine Art Gewohnheit oder eine ungeschriebene Regel angesehen.

| sehr zutreffend | eher zutreffend | eher nicht zutreffend | nicht zutreffend |

c) In Italien sind die persönlichen Beziehungen und deren Pflege, auch zu Kollegen, sehr wichtig.

| sehr zutreffend | eher zutreffend | eher nicht zutreffend | nicht zutreffend |

63

d) Die Italiener haben eine andere Aufteilung ihres Arbeitstages, weswegen sie sich die Zeit für eine Kaffeepause einräumen können.

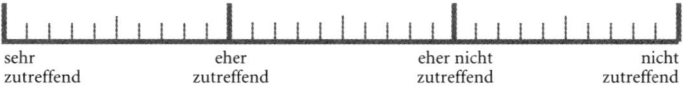

| sehr | eher | eher nicht | nicht |
| zutreffend | zutreffend | zutreffend | zutreffend |

- Versuchen Sie, Ihre Einstufung jeder Antwortalternative zu begründen. Halten Sie die Begründung in schriftlicher Form stichpunktartig fest.
- Lesen Sie nun die Erläuterungen zu jeder Antwortalternative und vergleichen Sie diese mit Ihren eigenen Begründungen.

■ Bedeutungen

Erläuterung zu a):
In der Tat frühstücken Italiener sehr wenig bis gar nicht. Oft trinken sie nur einen schnellen Cappuccino und machen sich dann bereits auf den Weg in die Arbeit. Daher besteht durchaus die Möglichkeit, dass sie am Vormittag wieder Hunger bekommen und in einer nahe gelegenen Bar ein zweites Frühstück zu sich nehmen. Deutsche dagegen sind ein ausgiebiges Frühstück gewöhnt, das sie über den Vormittag rettet. In zahlreichen italienischen Reiseführern über Deutschland findet sich sogar der Hinweis, dass man nach einem deutschen Frühstück das Mittagessen gleich ausfallen lassen könne. Dennoch kann diese eher deutsche Attribution das gezeigte Verhalten nicht erklären. Eine andere Alternative erweist sich als zutreffender.

Erläuterung zu b):
Das morgendliche Kaffeetrinken hat sich tatsächlich als ungeschriebene Regel etabliert und wird von den Italienern als ihr gutes Recht angesehen. Einige Unternehmen und Banken haben versucht, die Kaffeepausen der Mitarbeiter am Vormittag zu unterbinden. Diese Neuregelung hatte allerdings nur zur Folge, dass die Mitarbeiter zwar das Gebäude nicht mehr verlassen haben, sich aber statt dessen an der Kaffeemaschine im Unternehmen getroffen haben. In Italien existiert in vielen Bereichen ein derar-

64

tiges ungeschriebenes Regelsystem. Es hat sich neben den offiziellen Regeln entwickelt und wird von den Bürgern streng befolgt. Auf diese Systeme soll im Kapitel »Flexibler Umgang mit Regeln« explizit eingegangen werden. An dieser Stelle vermag das ungeschriebene Regelsystem die Situation nicht in ihrer Gesamtheit zu erklären. Die Entwicklung des Rechts auf eine Kaffeepause lässt sich kulturhistorisch anderweitig verankern.

Erläuterung zu c):
Die Kaffeepause der Mitarbeiter erfüllt den Zweck, den Kontakt mit Kollegen zu pflegen, eine positive Atmosphäre herzustellen und ein gewisses Zugehörigkeits- und Zusammengehörigkeitsgefühl zu etablieren. Angestrebt wird eine verbindliche persönliche Beziehung unter den Kollegen, eine Beziehung, die durch Vertrauen geprägt ist und trägt. Am Kaffeeautomat im Unternehmen oder während der Kaffeepause in einer nahe gelegenen Bar werden vielfach die wichtigsten Entscheidungen getroffen. Es handelt sich nicht nur um eine Auszeit und einen Plausch unter Kollegen, sondern um ein geschäftliches Treffen, bei dem sich Entscheidungen bei einer Tasse Kaffee leichter treffen lassen. Im Allgemeinen setzen Italiener mehr Vertrauen in mündliche Auskunft als in schriftliche Kommunikation. Auch ist ihnen ein persönliches Gespräch lieber als eine Besprechung via Telefon. So stellt der Kaffeeautomat oder die Bar das Kommunikationszentrum dar, das unter anderem den oft spärlichen Informationsfluss auf offiziellem Weg ersetzt. Die wichtigen Entscheidungen werden dort schon vor den offiziellen Meetings in einer kollegialen Atmosphäre getroffen.

Erläuterung zu d):
In italienischen Unternehmen ist der Arbeitstag tatsächlich einer anderen zeitlichen Struktur unterworfen, als dies in deutschen Unternehmen der Fall ist. In der Regel wird länger gearbeitet, das heißt Mitarbeiter sind meist bis 19 oder 20 Uhr im Unternehmen. Dafür nehmen sich die Angestellten jedoch ihre informellen Pausen und zelebrieren diese geradezu. Allein aus der längeren Arbeitszeit lässt sich diese Auszeit, welche sich die Mitarbeiter nehmen, aber nicht erklären. Es gibt noch einen anderen Aspekt, der in dieser Situation schwerer wiegt.

– Beantworten Sie bitte folgende Frage: Wie würden Sie sich in einer ähnlichen Situation verhalten? Halten Sie ihre Gedanken in schriftlicher Form fest.

▮ Lösungsstrategie

Um sich nicht gleich zu Beginn alle Sympathien ihrer zukünftigen italienischen Mitarbeiter zu verspielen, wäre es ratsam, wenn Frau Schäfer den Vorschlag machen würde, die individuellen Zeiten für die Kaffeepausen untereinander abzusprechen. Die Kollegen könnten gegebenenfalls turnusmäßig die Abteilungen auf einen Kaffee verlassen, wodurch gesichert wäre, dass immer jemand für die Kunden oder die anfallenden Arbeiten zur Verfügung steht und nicht die ganze Abteilung wie leergefegt ist. Dieser Vorschlag sollte jedoch einfühlend und verständnisvoll vorgebracht werden, so dass bei den Mitarbeitern nicht der Eindruck entsteht, dass die neue Vorgesetzte ihnen die Kaffeepause streichen will. Darauf würden die Italiener vermutlich mit Widerstand reagieren, zumal, wenn der Vorschlag von einer Deutschen gebracht wird. Deutsche gelten als sehr pflichtbewusst, überkorrekt, sachlich und nüchtern. Würde Frau Schäfer gleich zu Beginn ihrer Tätigkeit mit Neuerungen aufwarten, würde man ihr vermutlich weniger Vertrauen entgegenbringen und es wäre schwer, dieses wieder aufzubauen.

Auch ist es charakteristisch für Italiener, dass sie lieber bei Altem und Gewohntem bleiben, bevor sie sich auf das Glatteis einer Neuerung begeben. Solange es nicht unumgänglich ist, werden sie auf ihrem tradierten Recht beharren und sich einer Neuregelung widersetzen. So haben auch schon viele Unternehmen versucht, ihre Mitarbeiter davon zu überzeugen, nicht alle gleichzeitig im Ferienmonat August in den Urlaub zu gehen. Dieser Schuss ist zumeist nach hinten losgegangen. Die Italiener richten ihr berufliches Leben vollkommen nach ihrer Familie, wie bereits in dem Kapitel »familismo« näher erläutert wurde. Da die Kinder in diesem Sommermonat ihre Schulferien haben, fahren alle italienischen Familien in dieser Zeit ans Meer. Städte wie Mailand oder Rom sind im August völlig ausgestorben und nur noch von

66

Touristen bevölkert, die sich wundern, dass beinahe alle Geschäfte geschlossen haben. Für viele ältere Menschen, die während des »ferragosto« in den Städten bleiben, ergibt sich sogar manchmal ein richtiges Versorgungsproblem, weil selbst die Lebensmittelläden in der Umgebung geschlossen haben. So wurde beispielsweise in Mailand eine Hilfsorganisation ins Leben gerufen, die ältere Menschen während dieser Zeit mit Essen versorgt. Auch dieses Beispiel zeigt, dass Italiener sehr viel Wert auf Beziehungen, sei es zu ihren Familien oder zu Arbeitskollegen legen und es daher eines enormen Fingerspitzengefühls bedarf, wenn bestehende informelle Regeln umstrukturiert werden sollen.

Eine andere Möglichkeit, die sich in dieser Situation noch bieten würde wäre, die Barbesuche am Vormittag durch eine bankinterne Kaffeemaschine zu unterbinden. Frau Schäfer könnte die Anschaffung einer solchen mit ihren Kollegen besprechen und ihnen erklären, dass es für die Bank wirtschaftlicher ist, wenn nicht alle Mitarbeiter am Vormittag die Bank verlassen.

Solange Frau Schäfer jedoch mit dieser kleinen Pause, die sich ihre Mitarbeiter gönnen, keinen größeren Problemen gegenübersteht, sollte sie sich vielleicht einfach ihren neuen Kollegen anschließen und versuchen, bei einer Tasse Kaffee ihr neues Umfeld kennen und einschätzen zu lernen. Kaffeepausen bieten eine hervorragende Gelegenheit, eine positive Atmosphäre und ein gutes Arbeitsklima in der Abteilung zu etablieren und sich als neue Vorgesetzte schneller einleben zu können. Vor allem in Unternehmen ist diese Strategie besonders zielführend, da wichtige Entscheidungen nicht im Rahmen formeller, sondern vielmehr informeller Zusammenkünfte getroffen werden. Der Kaffeeautomat oder die Bar verkörpern das unternehmensinterne Kommunikationssystem. Schließt man sich als neuer Kollege davon aus, dürfte es schwer fallen, an notwendige Informationen heranzukommen und Entscheidungen werden über den eigenen Kopf hinweg getroffen.

■ Kulturelle Verankerung von »Beziehungsorientierung«

Italiener gelten im stereotypen Bild der Deutschen als sehr aufgeschlossene, kontaktfreudige und kommunikative Menschen, die sich sofort mit jedem gut verstehen und wissen, wie sie mit unterschiedlichen Charaktertypen umzugehen und auf sie zuzugehen haben. Man kann auf einer Piazza in einer italienischen Stadt kaum fünf Minuten allein auf den Stufen eines Palazzos sitzen, um sich von der sengenden Hitze zu erholen, ohne von irgendjemandem angesprochen zu werden. Worauf lässt sich nun dieses Suchen nach Kontakt und der Ruf der Italiener als Volk der Kommunikation zurückführen? Wie bereits beschrieben, konnten sich die Italiener im Laufe der Geschichte nie auf einen funktionierenden Staat verlassen und haben so als Ersatzinstitution ein starkes Familiensystem etabliert, dass sich durch großen Zusammenhalt und Verteidigung der familiären Interessen nach außen kennzeichnet. Innerhalb der Familie fühlt sich ein Italiener geborgen und geschützt. Er kann sich auf die Unterstützung seines Clans voll und ganz verlassen und bringt ihm großes Vertrauen entgegen. Er ist sein Bollwerk gegen die Außenwelt. Sobald der Italiener jedoch die schützenden Mauern seiner Familienfestung verlässt, sieht er sich einer chaotischen, unüberschaubaren und keinesfalls vertrauenswürdigen Umwelt gegenüber, gegen die es sich entweder zu verteidigen gilt oder die man sich zu Komplizen macht. Er hat den Eindruck, dass er keinem Menschen außerhalb seines engsten Familien- und Freundeskreises trauen kann und rechnet ständig damit »furbo« (hinterlistig) hintergangen zu werden. Nach Barzini (1964) findet der Hang, sich gegenseitig hinters Licht zu führen, eine so große Verbreitung, dass man immer Gefahr läuft, verlacht, verraten, hereingelegt oder ausgenutzt zu werden. Der Umgang mit Unbekannten ist von einem großen Misstrauen gekennzeichnet. Eine interessante Untersuchung hierzu haben Almond und Verba (1963) durchgeführt. Neben zahlreichen anderen Variablen haben sie in ihrem Vergleich der »Civic Culture« (Gemein- und Bürgersinn) der USA, Großbritanniens, Deutschlands, Italiens und Mexikos unter anderem das soziale Vertrauen und Miss-

68

trauen erhoben. Sie gingen von der Hypothese aus, dass Bürger, die regelmäßig an Gruppenaktivitäten teilnehmen und großen Wert auf soziales Engagement legen, dazu neigen, ihr Umfeld als sicher und ihre Mitmenschen als aufgeschlossen zu betrachten. In ihrer Erhebung hat sich herausgestellt, dass nur ein Bruchteil der Italiener in ihrer Freizeit an (gemeinnützigen) Gruppenaktivitäten teilnimmt. Um ihr Ergebnis noch weiter zu untermauern, wurden den Versuchspersonen generelle Aussagen zu sozialem Vertrauen und Misstrauen vorgelegt, die sie als zutreffend bzw. unzutreffend einstufen sollten. Es hat sich gezeigt, dass das Vertrauen der Italiener in ihre Umwelt extrem niedrig ist. Soziale Beziehungen außerhalb des engen Freundes- und Familienkreises werden von vielen als riskant und gefährlich eingeschätzt. Um nun dieses Misstrauen gegenüber fremden Personen abzubauen, sich auch mit diesen auf einer vertrauten und verbindlichen Ebene bewegen zu können und so dem Ziel, von diesen nicht hintergangen zu werden, näher zu kommen, versuchen Italiener zu ihren Mitmenschen immer eine gute Beziehung herzustellen und sich ein so ausgeprägtes Beziehungsnetzwerk wie möglich aufzubauen. Um überleben zu können, muss der Familienzusammenhalt gestärkt werden. Auch außerhalb der Familie muss sich der Italiener auf die Suche nach Verbündeten, Komplizen und Beschützern machen. Es besteht die Notwendigkeit, informelle Strukturen und Netzwerke aufzubauen. Persönliche Beziehungen sind in Italien ein unverzichtbarer Bestandteil des täglichen Lebens. So ist es beinahe unmöglich, einen kompetenten und preislich angemessenen Handwerker zu bekommen, ohne auf ein klienteläres Netzwerk zurückzugreifen. Bezeichnend hierfür lassen sich im italienischen Sprachgebrauch sogar die Begriffe des »technico della fiducia« (Techniker des Vertrauens) oder sogar »technico della familia« (Techniker der Familie) finden. Man unterstützt sich gegenseitig, ohne auf die Hilfe eines übergeordneten staatlichen Systems angewiesen zu sein. Die Italiener haben diesen Beziehungsaufbau in ihrer langen Geschichte unsicherer politischer Zeiten als Überlebensstrategie gewählt. Eine ineffiziente Verwaltung, ständig wechselnde Regierungen, Willkür der Gerichtsbarkeit und der Auslegung von Gesetzen und die überlastete Justiz haben dazu geführt, dass die Italiener sich untereinander organisieren. Sie stellen sich als Komplizen gegen ihren gemeinsamen Feind, den Staat.

Diese grundlegende Einstellung der Italiener überträgt sich natürlich vom privaten auch auf das berufliche Leben. Zusammenarbeit, ohne sich vorher auch auf persönlicher Ebene kennen und einschätzen zu lernen, ist undenkbar. Man will wissen, mit wem man es zu tun hat, um nicht eines Tages eine böse Überraschung zu erleben. Geschäfte beginnen grundsätzlich mit einem ausgiebigen Essen, in dessen Verlauf man sich selten über geschäftliche Belange austauscht. Vielmehr wird versucht, den persönlichen Hintergrund des zukünftigen Geschäftspartners kennen zu lernen und seinen Charakter auszuleuchten. Verläuft dieses erste Treffen positiv, so wird eine berufliche Zusammenarbeit langsam angegangen. An dieser Stelle prallen die Kulturen der Deutschen und der Italiener aufeinander, da sich die deutsche Sachorientierung mit der Beziehungsorientierung in Italien konfrontiert sieht.

Doch obwohl Italiener viel Wert auf eine persönliche Beziehung legen, ihnen das private Leben ihrer Kollegen am Herzen liegt und sie sich auch sehr dafür interessieren, ziehen sie klare Grenzen zwischen ihrem beruflichen und ihrem privaten Leben. Auf den ersten Blick erscheinen die beiden Lebensbereiche stark ineinander überzugehen. Private Themen haben auch am Arbeitsplatz ihre Berechtigung, Familienmitglieder werden zu geschäftlichen Abendessen mitgenommen und das italienische Leben spielt sich viel mehr an der Arbeitsstelle ab, als das in Deutschland der Fall ist. Dennoch gibt es gewisse Grenzen, die trotz aller Offenheit im Arbeitskontext niemals überschritten werden. Arbeitskollegen werden oft erst nach Jahren zur Familie nach Hause eingeladen, Einladungen laufen nach einem bestimmten Schema ab, dass sich an einem ungeschriebenen Regelsystem orientiert. Private Unternehmungen bewegen sich innerhalb eines klar begrenzten Rahmens.

Der Italiener ist immer bestrebt, eine harmonische und kameradschaftliche Atmosphäre herzustellen. Direkte Kritik und allzu offene Kommunikation vermeidet er, um eine positive Beziehung zu seinem Gegenüber zu wahren und diese nicht zu gefährden.

70

An diesem Punkt stoßen Deutsche in Italien oft an ihre Grenzen. Aufgrund des deutschen Kulturstandards »Schwacher Kontext« sind Deutsche es nicht gewöhnt, zwischen den Zeilen zu lesen und Kritik in indirekter Form zu üben, was zu einer Vielzahl von Missverständnissen und Problemen in der interkulturellen Interaktion führt.

Sein informelles Netzwerk will der Italiener so weit wie möglich ausgespannt wissen und vermeidet es, Personen, die ihm in Zukunft in irgendeiner Art und Weise nützlich sein könnten, zu vergraulen, da er sonst auf ihre Hilfe nicht mehr zählen könnte. Es wird versucht, diese klientelären Netzwerke auszubauen und zu pflegen, um Angelegenheiten schneller und leichter regeln und eigene Pläne umsetzen zu können. So kann sich ein Bauantrag, der auf direktem Weg eingereicht wird, bis zu drei Jahre hinauszögern, wohingegen sich seine Genehmigung unter Anwendung eigener Regeln und Methoden und einem tragfesten Netz aus Verwandten, Freunden und Bekannten erheblich beschleunigen lässt. Ohne die Hilfe anderer steht man als Einzelner verlassen auf weiter Flur. Die Motivation, Unbekannten zu helfen, ohne Bedingungen zu stellen, ist nicht sehr groß. Nur innerhalb eines begrenzten Rahmens, dem eigenen Beziehungsnetzwerk, verhält man sich solidarisch, gerecht und hilfsbereit. So veröffentlichte beispielsweise bereits im Jahre 1528 der italienische Autor Baldassare Castiglione (1478–1529) ein Buch mit dem Titel »Il libro del cortegiano«. Es gibt Anleitungen, auf welche Weise und unter Zuhilfenahme welcher Methoden man die Gunst der Höhergestellten erringt, für sich und die Seinen das Beste herausschlagen kann und so im Leben vorankommt (Barzini, 1964). Nach Barzini wissen die Italiener, dass man sich immer und gegenüber jedem freundlich zu verhalten hat, wie man Rivalen entwaffnet und sie sich dann gleichzeitig als Freunde hält. Sie müssen es wissen, weil sie ohne Beziehungen machtlos sind »wie das Beutetier, das darauf wartet, verschlungen zu werden« (S. 204).

Die ausgeprägte italienische Beziehungsorientierung führt im beruflichen Alltag zu einer angenehmen Arbeitsatmosphäre. Ein Beziehungsgefüge kann im Sinne eines sozialen Netzes mit Auffang- und Unterstützungscharakter verstanden werden. Ist man beispielsweise neu in einer Abteilung, wird schnell versucht, den neuen Mitarbeiter in das Team zu integrieren. Hat man sich als Deutscher erst ein tragfähiges Netzwerk in Italien etabliert, zeigt sich, dass man vielerorts leichter und mit weniger Hindernissen durchs Leben kommt.

Als nachteilig erweist sich im Arbeitsalltag die Tatsache, dass Informationen über informelle Wege fließen und Entscheidungen außerhalb offizieller Besprechungen getroffen werden. Transparenz und ein geregelter offizieller Informationsfluss können nicht gewährleistet werden. Auch verzögern sich vom deutschen Blickwinkel aus viele Arbeitsprozesse durch den vorgeschalteten Beziehungsaufbau unnötig.

■ Themenbereich 3: Flexibler Umgang mit Regeln

■ Beispiel 9: Das Drittgeschäft

■ Situation

Herr Bergmann arbeitet seit zehn Monaten als Controllingleiter in einem großen Tochterkonzern eines deutschen Unternehmens in Italien. Im Unternehmen existiert eine Regelung, dass die Maschinen, falls sie durch die eigene Produktion nicht voll ausgelastet sind, auch für andere Firmen produzieren. Um die jeweiligen Preise und auch den Erfolg eines solchen Drittgeschäftes zu kalkulieren, gibt es ganz bestimmte festgeschriebene Richtlinien, welche von der Konzernzentrale in Deutschland vorgegeben sind und durch die Revisionsabteilung immer wieder überprüft werden. Diese Richtlinien sind jedoch für derartige Drittgeschäfte nicht optimal. Herrn Bergmann fällt nun bereits zu Beginn seiner Tätigkeit in Italien auf, dass sein italienisches Unternehmen diese Regelungen bei jedem Drittgeschäft anders auslegt, je nachdem, wie es für das Unternehmen am profitabelsten ist. Sie werden zwar nicht gebrochen, doch Herr Bergmann wundert sich über den breiten Spielraum, den sich das Unternehmen hier selbst einräumt, ohne das die Zentrale darüber Bescheid weiß.

Wie erklären Sie sich das Verhalten des italienischen Unternehmens?

– Lesen Sie nun die Antwortalternativen nacheinander durch.
– Bestimmen Sie den Erklärungswert jeder Antwortalternative für die gegebene Situation und kreuzen Sie ihn auf der darunter liegenden Skala entsprechend an. Es ist möglich, dass mehrere Antwortalternativen den gleichen Erklärungswert besitzen.

■ Deutungen

a) Durch die Umgehung der Regeln will das Unternehmen gegenüber der deutschen Konzernzentrale indirekt signalisieren, dass es diese für unsinnig hält.

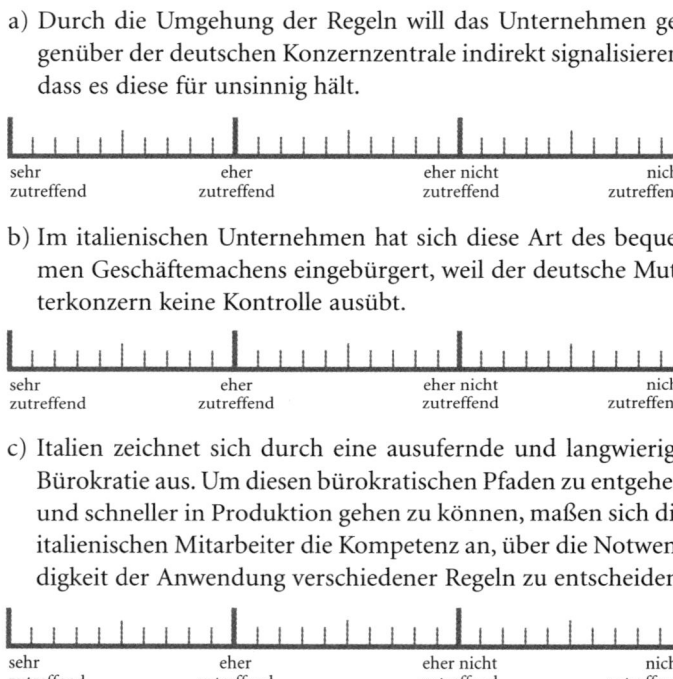

| sehr zutreffend | eher zutreffend | eher nicht zutreffend | nicht zutreffend |

b) Im italienischen Unternehmen hat sich diese Art des bequemen Geschäftemachens eingebürgert, weil der deutsche Mutterkonzern keine Kontrolle ausübt.

| sehr zutreffend | eher zutreffend | eher nicht zutreffend | nicht zutreffend |

c) Italien zeichnet sich durch eine ausufernde und langwierige Bürokratie aus. Um diesen bürokratischen Pfaden zu entgehen und schneller in Produktion gehen zu können, maßen sich die italienischen Mitarbeiter die Kompetenz an, über die Notwendigkeit der Anwendung verschiedener Regeln zu entscheiden.

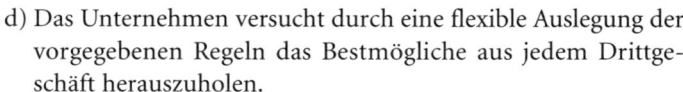

| sehr zutreffend | eher zutreffend | eher nicht zutreffend | nicht zutreffend |

d) Das Unternehmen versucht durch eine flexible Auslegung der vorgegebenen Regeln das Bestmögliche aus jedem Drittgeschäft herauszuholen.

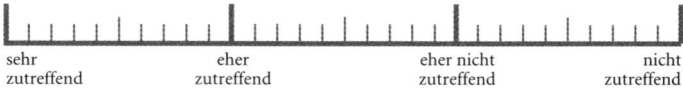

| sehr zutreffend | eher zutreffend | eher nicht zutreffend | nicht zutreffend |

– Versuchen Sie, Ihre Einstufung jeder Antwortalternative zu begründen. Halten Sie die Begründung in schriftlicher Form stichpunktartig fest.
– Lesen Sie nun die Erläuterungen zu jeder Antwortalternative und vergleichen Sie diese mit Ihren eigenen Begründungen.

76

■ Bedeutungen

Erläuterung zu a):

In Italien herrscht in vielen Situationen eine sehr indirekte Kommunikation. Es wäre durchaus möglich, dass ein Unternehmen durch Nichtbeachtung von Regelungen, die durch die Konzernzentrale vorgegeben werden, seinen Unmut über unsachgemäße Einschränkungen zeigt. Da die Regeln im vorliegenden Fall jedoch nicht gebrochen werden und die flexible Auslegung von der Zentrale somit nicht als solche wahrgenommen werden kann, ist dieser Erklärungsansatz eher als unwahrscheinlich anzusehen. Die Strategie, seinen Unmut über Regelungen auf diese Art und Weise deutlich zu machen, lässt sich wohl auch weniger in der Wirtschaft als vielmehr im privaten Umfeld finden.

Erläuterung zu b):

Die Berufshierarchie ist in Italien nach wie vor sehr ausgeprägt. Aus der patriarchalischen Familienstruktur heraus sind es die Italiener gewöhnt, sich unterzuordnen und in autoritärem Führungsstil gelenkt und geleitet zu werden. Sie übernehmen selbst wenig Verantwortung und erwarten Entscheidungen von ihren Vorgesetzten. In Deutschland hat sich demgegenüber in den letzten Jahren eine Mitarbeiterführung entwickelt, die sich auf Eigenständigkeit und Teamarbeit hin orientiert und den Untergebenen mehr Handlungsspielraum lässt. Es mag daher sein, dass die deutsche Konzernzentrale ihrer italienischen Tochtergesellschaft viel Vertrauen entgegenbringt und wenig Kontrolle ausübt. Da die Mitarbeiter einen lockeren Führungsstil nicht gewöhnt sind, haben sie es sich angewöhnt, die vorgegebenen Regelungen immer flexibler auszulegen, da sie sich vor keinen Sanktionen zu fürchten hatten. Bequemlichkeit mag an dieser Stelle durchaus auch eine Rolle spielen, verkörpert jedoch vor allem ein Stereotyp der Deutschen im Hinblick auf die italienische Mentalität. Der Ursprung dieses Stereotyps lässt sich in den deutschen Kulturstandards der »Sachorientierung« und des »monochronen Umgang mit Zeit« finden, die der italienischen »Beziehungsorientierung« und dem »flexiblen Umgang mit Zeit« diametral gegenüber stehen. Die eben gegebene Erklärung für die dehnbare

Auslegung von Vorgaben ist teilweise auf deutsche Kulturstandards zurückzuführen, weshalb es noch eine umfassendere Erklärung für das beschriebene Verhalten geben muss.

Erläuterung zu c):
Bürokratie spielt in Italien eine große Rolle. Es gibt drei- bis viermal so viele Gesetze, die das alltägliche und professionelle Leben regeln wie in Deutschland. Für jeden Bereich existieren unzählige Regelungen. Da sich die Italiener oft nicht an diese Vorgaben halten, versucht der Staat das regelwidrige und disziplinlose Verhalten seiner Bürger dadurch in den Griff zu bekommen, dass er noch mehr Gesetze und Vorschriften erlässt. Dadurch ufert die Bürokratie immer weiter aus und trägt zu immer größerer Verwirrung bei. Auch italienische Unternehmen machen in Sachen Überreglementierung keine Ausnahme. Es ist daher nicht unwahrscheinlich, dass die Mitarbeiter von Herrn Bergmann dieses endlose Ausfüllen von Formularen und Anträgen umgehen wollten. Sie entscheiden möglicherweise selbst über die Auslegung der Regelungen, ohne die Zentrale darüber zu informieren. Allerdings wird das Verhalten der Mitarbeiter des Unternehmens durch einen anderen Aspekt noch mehr beeinflusst.

Erläuterung zu d):
Regeln stehen für den Italiener nur auf dem Papier, das reale Leben sieht jedoch anders aus. Sie versuchen Regeln und Gesetze zu umgehen und sind dabei überzeugt, am besten zu wissen, was gut für sie ist. Dieses Verhalten der selektiven Gehorsamkeit überträgt sich vom alltäglichen auch auf das berufliche Leben. Das Unternehmen bricht die Regeln nicht, die von der deutschen Konzernzentrale vorgegeben werden, sondern versucht durch eine flexible Auslegung dieser das Bestmögliche aus jedem Geschäft herauszuholen und die Maschinen möglichst nicht stillstehen zu lassen. Italiener besitzen die Fähigkeit des »arrangiarsi«, sich jeder Situation anzupassen und diese flexibel, mit sehr viel kreativem Erfindergeist und unkonventionellen Methoden zu lösen. Dabei stehen die strikten Regeln öfter als Barriere im Weg, die sich jedoch durch eine flexible Auslegung umgehen lässt. Die deutsche Mentalität, die durch Regelorientierung geprägt ist,

78

sieht in diesem Verhalten Schluderei und unprofessionelle Arbeitsweise, übersieht jedoch dabei, dass mit flexibler Anpassung eine enorme Arbeitserleichterung und ökonomischer Zugewinn verbunden sein können. Diese Antwortalternative vermag die beschriebene Situation vor dem kulturhistorischen Hintergrund am besten zu erklären.

– Beantworten Sie bitte folgende Frage: Wie würden Sie sich in einer ähnlichen Situation verhalten? Halten Sie ihre Gedanken in schriftlicher Form fest.

■ Lösungsstrategie

Ein deutscher Vorschlag wäre es, in dieser Situation zusammen mit den italienischen Kollegen einen Kriterienkatalog zu erarbeiten, um die jeweiligen flexiblen Entscheidungen des Unternehmens bei Drittgeschäften für die Zentrale transparent zu machen. Denn nach deutscher Auffassung müssen auch den Entscheidungen bei jeweiligen Neuverhandlungen bestimmte Prinzipien zugrunde liegen. Des Weiteren würden Deutsche vermutlich eine Präsentation für die Zentrale in Deutschland erarbeiteten, die klar aufzeigt, dass das italienische Unternehmen mittels dieser Art der Drittgeschäfte Einnahmen verbuchen kann, die im Zuge der Einhaltung der deutschen Regelungen nicht möglich wären.

In der jeweiligen Situation muss nun entschieden werden, ob es nötig ist, die Konzernzentrale in diesem Umfang über ein Problem zu informieren, das sich bis jetzt noch nicht als solches gestellt hat. Die italienische Tochtergesellschaft hält sich zwar nicht strikt an die Regelungen und Vorgaben, bricht diese aber auch nicht, sondern versucht nur, sie flexibel auszulegen. Diese Herangehensweise hat dem Unternehmen bis jetzt nur Gewinn eingebracht und zur Vermeidung eines Produktionsstillstandes geführt. Neben der eben vorgestellten deutschen Herangehensweise wäre es daher auch denkbar, sich an die italienische Art des Geschäftsmachens anzupassen und deren Vorteile anzuerkennen. Viele Deutsche erwähnen, dass sie die italienische Flexibilität und Kreativität schätzen. Sie empfinden es als angenehm, nicht für jeden Fehltritt sofort abgemahnt zu werden. Die Italiener halten sich nicht stur an Regeln, die sie als sinnlos empfinden, sondern improvisieren lieber. Als Deutscher kann man sich in manchen Lebenslagen ein Scheibchen von diesem Improvisationstalent, der Kunst des »arrangiarsi« und der an den Tag gelegten Kreativität der Italiener abschneiden.

Zu achten ist in diesem Fall noch darauf, dass die informellen Beziehungsnetzwerke bei einem Drittgeschäft auch eine entscheidende Rolle spielen können. So kann es in Italien durchaus vorkommen, dass günstige Konditionen an bekannte Firmeninhaber vergeben werden und Geschäfte, die negative Implikationen für das eigene Unternehmen haben, unter der Hand abgeschlossen werden, um einem Bekannten einen Gefallen zu tun. Verträge werden zuständigen Sachbearbeitern im Unternehmen nicht vorgelegt, sondern auf eigene Faust unter flexibler Auslegung der bestehenden Regeln abgeschlossen. Hier gilt es, als Deutscher und neuer Kollege eine positive Beziehung zu seinen Kollegen aufzubauen. Der offizielle Informationsfluss in italienischen Unternehmen funktioniert oftmals nicht besonders gut, weshalb man auf die informellen Treffen in der Kaffeepause und beim Mittagessen angewiesen ist, um an die wichtigen Informationen und Entscheidungen heranzukommen. So erfährt man, was in der eigenen Abteilung vor sich geht und kann auch intervenieren. Dabei sollte man jedoch immer im Gedächtnis behalten, Kritik »durch die Blume« zu äußern, um das Gegenüber nicht bloßzustellen, dadurch seine »bella figura« zu zerstören und selbst eine »brutta figura« abzugeben.

◼ Beispiel 10: Die rote Ampel

◼ Situation

Herr Becker arbeitet seit eineinhalb Jahren in Italien als Großkundenbetreuer einer deutschen Firma. Herr Becker ist mit dem Auto unterwegs und hält gerade vor einer rot werdenden Ampel. Plötzlich schert der italienische Autofahrer hinter ihm aus, über-

80

holt ihn und fährt bei Rot über die Ampel. Herr Becker ist sehr schockiert über dieses Verhalten

Wie lässt sich das Verhalten des italienischen Autofahrers erklären?

- Lesen Sie nun die Antwortalternativen nacheinander durch.
- Bestimmen Sie den Erklärungswert jeder Antwortalternative für die gegebene Situation und kreuzen Sie ihn auf der darunter liegenden Skala entsprechend an. Es ist möglich, dass mehrere Antwortalternativen den gleichen Erklärungswert besitzen.

■ Deutungen

a) Das Auto ist dem Italiener als materieller Wert nicht so wichtig, weshalb er auch eher gefährliche Verkehrssituationen in Kauf nimmt.

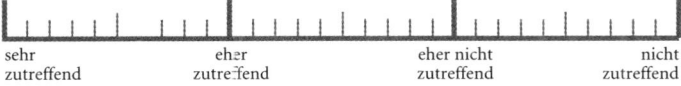

| sehr zutreffend | eher zutreffend | eher nicht zutreffend | nicht zutreffend |

b) Im Straßenverkehr hält man sich, wie in vielen Lebensbereichen, mehr an ein informelles als an das formelle Regelsystem.

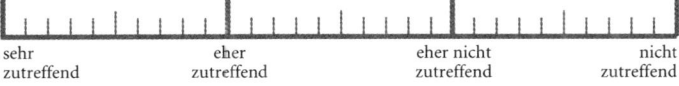

| sehr zutreffend | eher zutreffend | eher nicht zutreffend | nicht zutreffend |

c) Der Italiener ist vermutlich sehr in Eile.

| sehr zutreffend | eher zutreffend | eher nicht zutreffend | nicht zutreffend |

d) Italiener sind ihren Mitmenschen gegenüber toleranter und regen sich über Fehlverhalten weniger auf, weshalb Regelübertretungen an der Tagesordnung sind.

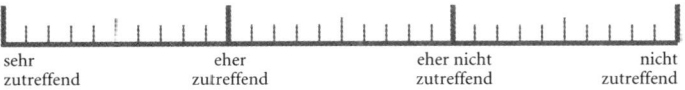

| sehr zutreffend | eher zutreffend | eher nicht zutreffend | nicht zutreffend |

81

– Versuchen Sie, Ihre Einstufung jeder Antwortalternative zu begründen. Halten Sie die Begründung in schriftlicher Form stichpunktartig fest.
– Lesen Sie nun die Erläuterungen zu jeder Antwortalternative und vergleichen Sie diese mit Ihren eigenen Begründungen.

▪ Bedeutungen

Erläuterung zu a):
Für den Deutschen ist das Auto ein Statussymbol. Er hütet und pflegt es wie seinen Augapfel und empfindet es als Tragödie, wenn er eine Delle im Kotflügel entdeckt. Dem Italiener hingegen ist das Auto weniger wichtig. Es ist mehr ein Gebrauchsgegenstand, den man benutzt, der aber ansonsten keinen großen Wert für seinen Besitzer darstellt. In Rom ziert beispielsweise jedes Auto mindestens eine Delle. Der Italiener ärgert sich zwar, wenn ein kleiner Auffahrunfall passiert, doch im nächsten Augenblick ist diese Lappalie auch schon wieder vergessen und er fährt wieder genau so drauf los, wie er das vorher auch getan hat. Es trifft jedoch nicht auf alle italienischen Bürger zu, dass sie ihr Auto nicht als Statussymbol wahrnehmen. Viele nutzen ihr Auto sehr wohl zur Darstellung ihrer Position und ihres Status und pflegen es mit aller Liebe. Somit ist davon auszugehen, dass für das Verhalten des italienischen Autofahrers ein anderer Aspekt als maßgeblicher anzusehen ist.

Erläuterung zu b):
Für den Deutschen erscheint die Verkehrssituation in Italien als Chaos. Es wird nicht geblinkt, man drängelt sich vor, fährt auf einer zweispurigen Straße in drei oder vier Bahnen, schneidet den Weg ab oder fährt bei Rot über die Ampel. In der Rushhour müssen in Mailand zusätzlich zu den Ampeln Polizisten den Verkehr regeln, da alle einfach bei Rot in die Kreuzungen hineinfahren. Viele Verkehrsregeln, die vom Staat erlassen worden sind und von den Italienern als unsinnig angesehen werden, werden nicht oder nur in einem gewissen Umfang beachtet. Sie werden mehr als Orientierungshilfen und weniger als Gesetze gesehen, die es

82

zu befolgen gilt. Irgendwie scheint trotzdem alles zu funktionieren und im Fluss zu sein. Würden sich die Italiener im Straßenverkehr plötzlich an alle vorgeschriebenen Regelungen halten, so würde er vermutlich völlig zum Erliegen kommen. Mangelnde Kontrolle durch die Gesetzeshüter trägt natürlich noch weiter zum Regelbruch bei. Italiener wissen, dass sie die Verkehrsregeln übertreten können und die Strafe, falls sie dann aufgehalten werden, durch geschicktes Diskutieren auf ein Minimum reduzieren oder gar ganz umgehen können. Dieser Alternative umschreibt die Situation vor dem kulturhistorischen Hintergrund am besten.

Erläuterung zu c):
Die Möglichkeit, dass der italienische Autofahrer sehr in Eile ist und aus diesem Grund Herrn Becker an der roten Ampel überholt, besteht. Dennoch wäre sein Verhalten, gemessen an deutschen Maßstäben der Regelorientierung, als ungewöhnlich anzusehen. Selbst wenn ein Deutscher unter enormem Zeitdruck stünde, würde er vermutlich keine rote Ampel überfahren. Deshalb und im Hinblick auf die Tatsache, dass sich derartiges Verhalten im italienischen Straßenverkehr oft beobachten lässt, muss es noch eine andere, kulturadäquatere Erklärung für das gezeigte Verhalten geben.

Erläuterung zu d):
Im Straßenverkehr wird in Italien mehr auf Eigenverantwortung gesetzt. Jeder muss selbst sehen, wo er bleibt und versuchen, im Fluss des Verkehrs mitzuhalten. Daneben ist auch die Toleranz gegenüber den Mitmenschen ausgeprägter als wir das in Deutschland gewöhnt sind. In Italien nimmt man sich nicht das Recht heraus, seinen Mitmenschen etwas vorzuschreiben. Wenn der Autofahrer die Ampel bei Rot überfahren will, dann ist das seine Sache und er wird sicherlich einen guten Grund haben, sich so zu verhalten. Dem Einzelnen steht nicht das Recht zu, seine Mitmenschen zu kritisieren oder ihnen gar etwas vorschreiben zu wollen. Man versucht sich gegenseitig nicht durch übermäßige Kontrolle und Strenge in der persönlichen Individualität einzuschränken. »Leben und leben lassen« ist an dieser Stelle ein zent-

raler Wert der italienischen Kultur. Schränkt man andere in ihrer Freiheit und ihren Rechten ein, lässt sich das allgegenwärtige Ziel des Aufbaus eines Beziehungsnetzwerkes nicht verwirklichen. Aus diesem Grund hat sich eine ausgeprägte Toleranz entwickelt, welche Regelübertretungen begünstigt. Diese Erklärungsmöglichkeit spricht zwar einen wichtigen Aspekt der italienischen Kultur an, erfasst das Geschehen jedoch nicht in seiner Gesamtheit.

– Beantworten Sie bitte folgende Frage: Wie würden Sie sich in einer ähnlichen Situation verhalten? Halten Sie ihre Gedanken in schriftlicher Form fest.

■ Lösungsstrategie

In dieser Situation sollte der Deutsche versuchen, sich nicht einzumischen, so lange das regelwidrige Verhalten des Italieners keine Gefahr für ihn selbst darstellt. Es gilt an dieser Stelle, die kulturellen Gegensätze zu akzeptieren. Aufgrund des Kulturstandards der Regelorientierung neigt ein Deutscher dazu 50 km/h schnell zu fahren, wenn es erlaubt ist, unabhängig davon, ob der Verkehr es ermöglicht oder nicht, wogegen der Italiener schon mal schneller fährt als erlaubt, wenn es die Situation zulässt. Es gilt, die Mentalität der Italiener in diesem Punkt zu erfassen und sich bis zu einem gewissen Grad anzupassen. Bleibt man in Italien nicht im Verkehrsfluss, so hat man ganz schnell verloren und wird von allen Seiten angehupt und beschimpft.

Dennoch sollte man als Deutscher nicht versuchen, sich die gleichen Rechte herauszunehmen wie die Italiener. Ausländer werden von italienischen Polizisten schärfer und schneller bestraft, als sie dies bei ihren Landsleuten tun. Außerdem verwenden sie subjektive Bewertungsmaßstäbe wie zum Beispiel die Größe des Autos oder das Erscheinungsbild und das Herkunftsland der zu bestrafenden Person, um das Strafmaß zu bemessen. Auch auf Seiten der Gesetzeshüter hält man sich nicht strikt an vorgegebene Regeln, sondern legt sie nach Gutdünken aus. Einem Deutschen mag diese Behandlung sehr ungerecht erscheinen und er wird vermutlich verärgert auf diese ungleiche Bestrafung reagieren. Doch in einer solchen Situation gilt es, ruhig zu bleiben und unter Aufbietung von Höflichkeiten und Schmeicheleien die Beamten gnädig zu stimmen. Der Deutsche kann versuchen, sich die italienische Mentalität des »arrangiarsi« zunutze zu machen und die Situation durch flexibles, kreatives und angepasstes Verhalten zu meistern. Eine Senkung der Geldstrafe gelingt so zumeist.

■ Beispiel 11: Verspätung

■ Situation

Herr Sommer arbeitet seit eineinhalb Jahren als Entwickler in einer italienischen Entwicklungs- und Produktionsniederlassung eines großen deutschen Unternehmens. Um 14.00 Uhr setzt er ein Meeting an, bei welchem ein wichtiges Thema diskutiert werden soll. Herr Sommer ist pünktlich im Konferenzraum, doch von seinen Kollegen ist noch keiner da. Die Ersten treffen erst um 14.30 Uhr ein. Herr Sommer ist verärgert und kann nicht verstehen, dass seine Kollegen trotz des wichtigen Themas nicht pünktlich erscheinen.
Wie lässt sich dieses Verhalten erklären?

– Lesen Sie nun die Antwortalternativen nacheinander durch.
– Bestimmen Sie den Erklärungswert jeder Antwortalternative für die gegebene Situation und kreuzen Sie ihn auf der darunter liegenden Skala entsprechend an. Es ist möglich, dass mehrere Antwortalternativen den gleichen Erklärungswert besitzen.

■ Deutungen

a) Der Vorgänger von Herrn Sommer hat in den vergangenen Jahren die Disziplin in seiner Abteilung etwas schleifen lassen, weshalb die Kollegen Pünktlichkeit nicht als Wert an sich ansehen.

85

| sehr zutreffend | eher zutreffend | eher nicht zutreffend | nicht zutreffend |

b) Durch Zuspätkommen zu dem Meeting wollen die Kollegen ihre Ablehnung dieses Treffens signalisieren und ihrem deutschen Kollegen indirekt zu verstehen geben, dass sie mit einem extra angesetzten Meeting für dieses Thema nicht einverstanden sind.

| sehr zutreffend | eher zutreffend | eher nicht zutreffend | nicht zutreffend |

c) In Italien herrscht ein anderes Verständnis von Pünktlichkeit.

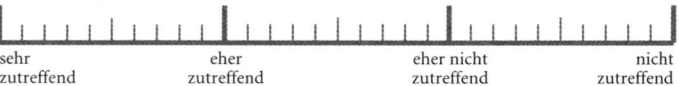

| sehr zutreffend | eher zutreffend | eher nicht zutreffend | nicht zutreffend |

d) Die italienischen Kollegen sind noch beim Mittagessen in einem Restaurant außerhalb des Unternehmens und verspäten sich daher unabsichtlich.

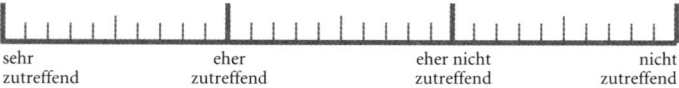

| sehr zutreffend | eher zutreffend | eher nicht zutreffend | nicht zutreffend |

– Versuchen Sie, Ihre Einstufung jeder Antwortalternative zu begründen. Halten Sie die Begründung in schriftlicher Form stichpunktartig fest.

– Lesen Sie nun die Erläuterungen zu jeder Antwortalternative und vergleichen Sie diese mit Ihren eigenen Begründungen.

■ Bedeutungen

Erläuterung zu a):

Die Vermutung, dass der Vorgänger von Herrn Sommer führungsschwach war und die Pünktlichkeit seiner Mitarbeiter als Resultat daraus hervorgeht, ist aus deutscher Sicht eine plausible Erklärung für das gezeigte Verhalten der italienischen Kollegen.

86

Die vorgestellte Situation gibt zwar keine Hinweise, die die Richtigkeit dieser Erklärungsmöglichkeit belegen könnten, in einem deutschen Handlungsfeld würde diese Sichtweise jedoch als naheliegendste Vermutung akzeptiert werden. In italienischen Unternehmen widerspricht dieser Antwortalternative jedoch die streng organisierte Berufshierarchie, in der selbst weniger führungsstarken Vorgesetzten mit Respekt und angemessenem Verhalten begegnet wird. Diese Tatsache erscheint unvereinbar mit einer Disziplinlosigkeit im Hinblick auf zeitliche Vereinbarungen. Des Weiteren berichten viele Deutsche von vergleichbaren Situationen, unabhängig von der Führungskompetenz der Vorgesetzten. Aus diesem Grund ist vorliegende Erklärung als typisch deutsch anzusehen und kann wenig zum Verständnis des verspäteten Eintreffens der italienischen Mitarbeiter beitragen.

Erläuterung zu b):
Eine Ablehnung des angesetzten Meetings durch Verspätung aller italienischer Kollegen ist als Erklärungsmöglichkeit durchaus in Betracht zu ziehen. In Italien herrscht eine indirektere Kommunikation als in Deutschland. Die Kollegen mögen das Thema nicht für so wichtig erachten wie Herr Sommer dies tut und zeigen ihren Unmut auf diese Weise. In Italien geht jedoch die indirekte Kommunikation in der Regel nicht so weit, dass man seinen Widerwillen durch Zuspätkommen zeigt. Obwohl Italiener sich eher »durch die Blume« verständigen, hätten die Kollegen wohl im weiteren Verlauf ihren Unmut über das angesetzte Meeting kundgetan, wenn dies der Hauptgrund für ihre Verspätung gewesen wäre. Da dies nicht eingetreten ist, steht zu vermuten, dass eine andere Herangehensweise in der Lage ist, das gezeigte Verhalten der italienischen Kollegen in Gänze verständlich zu machen.

Erläuterung zu c):
Pünktlichkeit ist in Italien nicht so wichtig wie in Deutschland. Sie hat eher einen untergeordneten Stellenwert. Im beruflichen Kontext sind 15 bis 20 Minuten Verspätung durchaus an der Tagesordnung und werden nicht als Unhöflichkeit angesehen, für die man sich entschuldigen müsste. Die italienischen Kollegen haben zwar den üblichen zeitlichen Rahmen ein wenig über-

schritten, für ihre Kultur bewegen sie sich jedoch durchaus noch im allgemein akzeptierten Bereich. Andererseits existiert jedoch auch in diesem Bereich das bereits beschriebene informelle Regelsystem. So erscheint man pünktlich zu Meetings, wenn es sich um ein Treffen handelt, dass dem eigenen Nutzen dienen könnte, beispielsweise, wenn eine wichtige Führungskraft oder gar der »presidente« anwesend sein sollte. Als Deutscher sollte man nicht versuchen, die zeitliche Flexibilität der Italiener in das eigene Verhaltensrepertoire aufzunehmen, da von Deutschen ihre allseits bekannte Pünktlichkeit erwartet und eingefordert wird. Diese Erklärung beschreibt die Situation am besten.

Erläuterung zu d):
Das gemeinsame Mittagessen ist im italienischen Arbeitstag ein wichtiger Tagesordnungspunkt. Wenn im Unternehmen keine Kantine vorhanden ist, so bekommen die Mitarbeiter von ihrer Firma Gutscheinhefte gestellt, mit denen sie in nahe gelegenen Restaurants Essen gehen können. Dieses Angebot wird gern genutzt. Meist gehen alle Kollegen gemeinsam in ihre Mittagspause. Dies lässt sich auf das Bedürfnis der Italiener nach einer positiven Beziehung auch unter Kollegen zurückführen. Während man das Essen genießt, werden auch wichtige Themen das Geschäftliche betreffend besprochen. In der vorgestellten Situation steht jedoch zu vermuten, dass die Mittagspause nicht verantwortlich sein kann für die Verspätung der Mitarbeiter, da diese auch in italienischen Unternehmen zu einer vergleichbaren Zeit wie in Deutschland angesetzt ist und so alle Kollegen um 14.00 Uhr schon seit einiger Zeit wieder an ihrem Platz hätten sein müssen.

– Beantworten Sie bitte folgende Frage: Wie würden Sie sich in einer ähnlichen Situation verhalten? Halten Sie ihre Gedanken in schriftlicher Form fest.

■ **Lösungsstrategie**

Allgemein ist es ratsam, sich an das italienische Verständnis von Zeit zu gewöhnen. Zu Beginn eines Aufenthalts kann man sich bei seinen Kollegen darüber informieren, welcher zeitliche Rahmen für Besprechungen angesetzt wird und ob sie in der Regel verspätet oder pünktlich begonnen werden. Am besten ist es, selbst nachzufragen, da derartig internalisierte Vorstellungen wie die über Pünktlichkeit oft nicht verbalisiert werden, da sie als Selbstverständlichkeit angesehen werden. In der Zusammenarbeit zwischen Deutschen und Italienern ergibt sich an dieser Stelle allerdings eine Besonderheit. Beide wissen schon einiges über die Kultur des anderen und haben aufgrund der engen Beziehungen, die zwischen Deutschland und Italien schon seit geraumer Zeit bestehen, ihre stereotypen Vorstellungen entwickelt. So ist es Italienern durchaus bewusst, dass Deutsche überpünktlich sind. Deswegen lässt sich vereinzelt sogar beobachten, dass italienische Kollegen pünktlich zu einem angesetzten Treffen erscheinen, weil sie keinen schlechten Eindruck bei ihrem deutschen Kollegen machen wollen – besonders wenn dieser Kollege neu im Unternehmen ist, da die italienischen Kollegen sich dann von ihrer besten Seite präsentieren und eine »bella figura« machen wollen. Einige Deutsche erwähnen, dass sie versucht hätten, dass italienische Verständnis von Zeit auch auf ihr eigenes Verhalten zu übertragen, was ihnen jedoch von italienischer Seite zumeist negativ angerechnet wurde. Italiener erwarten von einem Deutschen auch seine typisch deutsche Pünktlichkeit. Kommt er zu spät, so kann es durchaus passieren, dass der italienische Geschäftspartner bereits auf ihn wartet. Er hat sich möglicherweise an der deutschen Pünktlichkeit orientiert hat, da er der Ansicht war, dass dies von ihm erwartet wird.

Handelt es sich um ein Treffen, bei dem auch der Vorgesetzte anwesend ist, erscheinen Italiener in der Regel pünktlich, da sie ebenfalls bestrebt sind, keine »brutta figura« zu machen. Sie wollen eine gute Beziehung zu ihrer Führungskraft herstellen, da dies in der Zukunft immer von Vorteil sein kann.

Würde es sich bei dem Deutschen in der vorgestellten Situation um einen Vorgesetzten und nicht einen Kollegen handeln, so hätte er die Möglichkeit, mit seinen Mitarbeitern über ihre Unpünktlichkeit zu sprechen und sich auf eine neue Art der Handhabung zu einigen. Da sich Herr Sommer hier jedoch in einem Kreis von Kollegen bewegt, sollte er lieber nicht versuchen, das Verhalten seiner italienischen Kollegen zu verändern. Da Deutsche gern als »quadrati« bezeichnet werden, würde derartiges als unwillkommene Einmischung gesehen werden, zumal sie von einem Neuen im Unternehmen kommt. So würde sein Einstand an seiner neuen Arbeitsstelle gleich negative Emotionen mit sich bringen und er würde sich schwer tun, seine »brutta figura« wieder in eine »bella figura« zu verwandeln.

Hat man sich in seinem eigenen Unternehmen jedoch etabliert, so besteht durchaus die Möglichkeit, die verspätet beginnenden Treffen schon in die eigene Tagesplanung mit einzubeziehen und so weniger Zeit mit Warten zu verschwenden.

Viele Deutsche versuchen auch, der Unpünktlichkeit ihrer italienischen Kollegen zu entgehen, indem sie Besprechungen schon 15 Minuten vor dem eigentlichen Termin ansetzen, um zu erreichen, dass zu Beginn auch alle anwesend sind. Mit dieser Taktik sollte jedoch vorsichtig umgegangen werden, da sie einem leicht negativ ausgelegt werden könnte und das Vertrauen der Mitarbeiter in den neuen Kollegen oder Vorgesetzten erschüttern könnte. Es kann durchaus sein, dass sie sich nicht ernst genommen und hintergangen fühlen. Das Misstrauen, das Italiener ihrem Gegenüber generell entgegenbringen, würde dadurch nicht reduziert. Sinnvoll ist es, sich Termine, die schon vor einiger Zeit angesetzt wurden, kurz vor dem besprochenen Tag noch einmal bestätigen zu lassen, um dann nicht allein im Konferenzraum zu sitzen.

Man sollte also das Verhalten in Sachen Pünktlichkeit genau beobachten und versuchen, sich bis zu einem gewissen Grad daran anzupassen, es jedoch nicht allzu sehr in das eigene Verhaltensrepertoire übernehmen.

▇ Kulturelle Verankerung von »Flexibler Umgang mit Regeln«

Das italienische Verhältnis zu offiziellen Regeln und Gesetzen ist von einem anderen Rechtsverständnis und Gerechtigkeitssinn geprägt, als das ein Deutscher gewöhnt ist. Aufgrund des Kulturstandards der Regelorientierung und einem sehr engen Verständ-

90

nis von Zeit hält man sich in Deutschland in der Regel an Gesetze, die von staatlicher Seite vorgegeben werden, egal ob man sie für sinnvoll hält oder nicht. Der Staat wird als gesetzgebende und kontrollierende Instanz weitgehend anerkannt und ihm wird im Großen und Ganzen Vertrauen entgegengebracht. Auf italienischer Seite ist dies anders. Wie bereits mehrfach angesprochen, konnte sich das italienische Volk nie auf einen funktionierenden Staat verlassen. Die Bürger organisierten sich untereinander, ohne auf die Hilfe und Einmischung einer offiziellen Stelle angewiesen zu sein. Die Italiener gewöhnten sich an ihre Selbstverwaltung, die sich durch die Fremdherrschaft aus der Ferne ohne weitere Probleme verwirklichen ließ. An die offiziellen Regeln und Gesetze hielt man sich nicht, da vor allem in den entlegenen Teilen des Landes kaum Kontrolle ausgeübt werden konnte. So entwickelten sich informelle Regelsysteme, die das tägliche Zusammenleben unabhängig von staatlichen Vorschriften klärten. Eine strenge Befolgung dieser ungeschriebenen Gesetzesbücher wurde von allen erwartet. Geschah dies nicht, so maßten sich die Bürger auch die Kompetenz der Umsetzung von Strafmaßnahmen an.

Ein eindrucksvolles Beispiel dieser Selbstverwaltung stellt der »Codice cavalleresco italiano« (Italienischer Kodex der Ritterlichkeit) dar. Er wurde im Jahre 1887 von Jacopo Gelli verfasst und lehrt die Selbstjustiz. Er ist ein Ehrenkodex und eine Anleitung für den Umgang mit persönlichen Konflikten, die auf dem öffentlichen Weg der Rechtssprechung unlösbar erscheinen. In Italien wird dieses mittlerweile in der 18. Auflage erschienene Buch immer noch gern gelesen, weil es anschaulich dazu anleitet, »die offiziellen Gesetze, Anordnungen, Vorschriften und sämtliche Behörden zu missachten und stattdessen alle Angelegenheiten der persönlichen Auffassung von Recht und Unrecht und traditionellen Regeln entsprechend mit der Hilfe persönlicher Freunde zu erledigen« (Barzini, 1964, S. 210). Nach dem Ende der lang andauernden Fremdherrschaften, die das Land über Jahrhunderte hinweg in Ober-, Mittel- und Süditalien, geführt von unterschiedlichen Regenten, unterteilte, entwickelte sich in einem vereinten Italien erneut eine Politik, die von den Italienern gering geschätzt wurde. Die politische Landschaft war geprägt von Betrug, Korruption, öffentlichen Lügen und Inkonsequenzen und

91

weist bis heute diese Tendenzen auf. Viele Italiener sind so der Ansicht, dass es nicht von ihnen erwartet werden kann, sich gesetzestreu zu verhalten, wenn sich sogar die eigenen Politiker und Staatschefs um Gesetze herumzudrücken versuchen oder die Legislative nutzen, um ihre eigenen Fehltritte im Nachhinein zu legitimieren. So lässt sich nachvollziehen, dass amtliche Institutionen und Regierungen sowie deren Gesetzesbeschlüsse von den Italiener nur selektiv akzeptiert werden und in einem begrenzten Umfang handlungswirksam für sie werden. Sie sind der Überzeugung, dass sie selbst am besten wissen, was gut für sie ist und sind von ihrer Kompetenz in diesen Dingen überzeugt. Sie sehen den Staat nicht als Autorität, was auch daran liegen mag, dass dieser durch mangelnde Kontrollen seine Machtposition nicht eindeutig klar macht. Werden Kontrollen durchgeführt, so zeichnen sich diese durch eine übermäßige und unangebrachte Härte angesichts des Vergehens aus. Sie sollen augenscheinlich als Exempel und Abschreckung für Mitbürger verstanden werden, haben jedoch nur eine weitere Geringschätzung des Staates durch seine Bürger zur Folge. Vermutlich steht hinter dieser mangelnden Autorität auch das Credo Italiens »Leben und leben lassen«. Man versucht den Freiraum anderer so wenig wie möglich zu beschneiden, um sich selbst diese Freiheiten auch nehmen zu dürfen, ohne Angst vor Einschränkung und Bestrafung haben zu müssen. Auf der anderen Seite ist der Staat jedoch bestrebt, seine mangelnde Autorität und den selektiven Gehorsam der Italiener dadurch in den Griff zu bekommen, dass er immer mehr Gesetze und Regelungen erlässt. So existieren in Italien wie bereits angesprochen drei- bis viermal so viele Gesetze wie in Deutschland. In der Folge ergibt sich ein wechselseitiger Aufschauklungsprozess: Die Bürger sind verwirrt von der großen Anzahl der zu befolgenden Richtlinien, sehen sich einer ausufernden Bürokratie und einem enormen Beamtenapparat gegenüber und halten sich lieber an ihre eigenen informellen Richtlinien und Beziehungsnetzwerke, um Ziele schneller und reibungsloser zu erreichen. Gesetze werden dadurch erneut übertreten und der Staat sieht sich gezwungen, neue zu erlassen. Das Spiel beginnt von vorne.

Der flexible Umgang mit Regeln lässt sich allerdings nicht nur im privaten Leben beobachten, sondern findet sich auch in der

92

beruflichen Praxis. So werden Unternehmensrichtlinien nicht stur 1:1 umgesetzt, sondern der jeweiligen Situation und dem sich daraus ergebenden persönlichen und unternehmerischen Erfolg angepasst. Sind gewisse Vorgaben nicht optimal, so werden sie zwar nicht völlig übergangen, jedoch in dem Maße flexibel ausgelegt, wie es die Gegebenheiten erfordern. Langwierige bürokratische Wege werden so umgangen. Neben den negativen Auswirkungen, die eine derartige Herangehensweise nach sich ziehen mag, lassen sich diesem Verhalten auch durchaus positive Aspekte abgewinnen. Italiener pochen nicht engstirnig und hartnäckig auf ihr eigenes Recht, sondern gestehen auch ihren Mitmenschen eine eigene Meinung zu und nehmen sie ernst. Sie maßen sich nicht die Kompetenz an, über deren Verhalten urteilen zu können, sondern gestehen ihnen zu, über ihre Freiräume selbstständig zu entscheiden, solange dadurch nicht die eigene Handlungsfähigkeit beschnitten wird. Über Fehltritte können sie großzügig hinwegsehen. Sie zeichnen sich durch ihren flexiblen, kreativen und situationsangepassten Umgang mit Problemen aus und legen ein beispielloses Improvisationstalent an den Tag.

Auch im Straßenverkehr macht sich die flexible Handhabung von Regeln bemerkbar. Es wird gehupt, gedrängelt, auf drei oder vier anstatt auf den vorgegebenen zwei Spuren gefahren, das Rot der Ampeln wird als Orientierungshilfe und nicht als Verbotszeichen angesehen und dennoch scheint der Verkehrsfluss zu funktionieren. Dies liegt vor allem daran, dass die Italiener ihren Mitmenschen gegenüber eine größere Toleranz an den Tag legen und ihnen Regelübertretungen zugestehen. Größere Aufmerksamkeit ist erforderlich, da man nie weiß, wie sich der andere im nächsten Moment verhalten wird. Das regeltreue Verhalten von Touristen, insbesondere den Deutschen, wird so im Straßenverkehr als störend empfunden, da so nur der reibungslose Ablauf blockiert wird.

Das allgemein breitere und ausgedehntere Handlungsspektrum der Italiener überträgt sich auch auf ihren Umgang mit Zeit. Pünktlichkeit ist kein Wert an sich. Es gibt wichtigere Dinge im Leben, als pünktlich zu einem Meeting zu erscheinen – wie zum Beispiel der gemeinsame Austausch, das Kaffeetrinken und gemeinschaftliche Essengehen, eben die positive Atmosphäre und

93

der Aufbau einer guten Beziehung. Man weiß, dass sein Gegenüber auf eine obligatorische Verspätung von 10 bis 20 Minuten nicht ärgerlich reagiert, sondern im Gegenteil diese zeitliche Verzögerung auch für sich in Anspruch nimmt. »La dolce vita« und »Leben und leben lassen« sind auch hier die Devise.

Der flexible Umgang mit Zeit hat auch Auswirkungen auf die Zeitplanung und das Zeitmanagement von Italienern. Sie planen ihren Tag nicht minuziös durch, sondern zeichnen sich durch eine große Gelassenheit und Spontanität aus. Viele Deutsche berichten, dass Projekte, die sie an ihre italienischen Mitarbeiter delegieren, in der Anfangsphase meist relativ schleppend anlaufen. Italiener nehmen sich für scheinbar unwichtige Aufgaben viel Zeit. Selbst wenn sie unter Termindruck stehen, verlieren Italiener ihre Ruhe nicht. Sie verlassen sich auf ihr Improvisationstalent und ihre Fähigkeit des »arrangiarsi« und sind so in der Lage, Abgabetermine »auf den letzten Drücker« einzuhalten, auch wenn sie dafür Überstunden machen müssen.

Ein anderer Punkt in diesem Zusammenhang, der bisher noch nicht angesprochen wurde, ist die Tatsache, dass auch mit Zahlungsterminen flexibler umgegangen wird. So ist es durchaus möglich, dass, wenn als Zahltag der Erste des Monats festgelegt wurde, erst an diesem Tag das Geld überwiesen wird. Oft wird der zeitliche Rahmen aber auch überschritten, was zu großer Verärgerung und einem enormen zusätzlichen Arbeitsaufwand auf deutscher Seite führt. Dies liegt weniger in der Tatsache begründet, dass Italiener sich nicht an abgemachte Vereinbarungen halten wollen, sondern vielmehr in der Einstellung, dass es unerheblich ist, ob die Zahlung zwei Tage früher oder später eingeht – wichtig ist nur, dass sie kommt.

Italiener lassen sich nicht leicht aus der Ruhe bringen, sie sind keine Hektiker und bleiben auch in einer Stresssituation gelassen. Schreiben sie einer Aufgabe oberste Priorität zu, was zum Beispiel der Fall ist, wenn sie etwas für einen sympathischen Vorgesetzten erledigen, kann innerhalb kürzester Zeit viel geleistet werden. Überstunden sind dann kein Thema mehr. Legt man die Betonung auf Flexibilität, werden unmittelbar die positiven Seiten dieses Kulturstandards sichtbar. Aus dieser Flexibilität ergibt sich durch eine weniger strenge Beachtung von Regeln in vielen Be-

94

reichen auch ein erheblich erleichterter Arbeitsablauf, der durch ein penibles Einhalten aller Vorschriften behindert würde.

Deutsche, die sich an ihrem kulturellen Rahmen orientieren, empfinden die Auswirkungen einer flexiblen Handhabung von Regeln und eines polychronen Zeitverständnisses als sehr negativ und belastend. Sie finden sich in dem informellen italienischen Regelwerk nur schwer zurecht. Wenn Italiener sich beispielsweise verspäten, wird dies als Geringschätzung der eigenen Person wahrgenommen. Die italienische Zeitplanung wird als chaotisch eingestuft. Der daraus resultierende Stressfaktor widerspricht dem Bedürfnis, Aufgaben und Projekte zeitlich zu planen und zu strukturieren.

■ Themenbereich 4: Hierarchieorientierung

■ Beispiel 12: Die umgeworfene Entscheidung

■ Situation

Herr Moser ist seit vier Jahren in einem großen italienischen Unternehmen beschäftigt. Zu Beginn seiner Tätigkeit als Manager einer 25 Angestellte umfassenden Abteilung kann ein Produktdesign aus Deutschland nicht geliefert werden. Er löst das Problem mit dem deutschen Ansprechpartner, indem er einen Alternativtermin vereinbart und noch einige Einzelheiten zur weiteren Vorgehensweise mit seinem Partner klärt. Seine Entscheidung, bei der es sich seiner Meinung nach nur um eine Detailsache handelt, trifft er nach bestem Wissen und Gewissen. Am nächsten Tag erfährt er jedoch durch seinen deutschen Geschäftspartner, dass seine Entscheidung umgeworfen wurde. Sein Vorgesetzter, Herr Maldini, hat doch anders entschieden, die bereits geklärten Einzelheiten nochmals verändert und Herrn Moser nicht informiert. Diese Erfahrung macht Herr Moser im ersten halben Jahr seines Italienaufenthaltes immer wieder. Er kann nicht verstehen, wieso seine Entscheidungen regelmäßig von Herrn Maldini revidiert werden, ohne dass er vorher davon in Kenntnis gesetzt wird.

Wie lässt sich das Verhalten des Vorgesetzten von Herrn Moser erklären?

- Lesen Sie nun die Antwortalternativen nacheinander durch.
- Bestimmen Sie den Erklärungswert jeder Antwortalternative für die gegebene Situation und kreuzen Sie ihn auf der darunter liegenden Skala entsprechend an. Es ist möglich, dass meh-

97

rere Antwortalternativen den gleichen Erklärungswert besitzen.

■ Deutungen

a) Untergebene werden bei der Revision von Entscheidungen grundsätzlich nicht mit einbezogen.

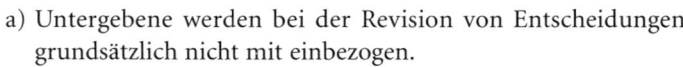

| sehr zutreffend | eher zutreffend | eher nicht zutreffend | nicht zutreffend |

b) Herr Maldini revidiert die Entscheidung seines neuen Mitarbeiters, weil er sie nicht für gut hält und später als Vorgesetzter nicht für eine derartige Entscheidung verantwortlich gemacht werden will.

| sehr zutreffend | eher zutreffend | eher nicht zutreffend | nicht zutreffend |

c) Der Vorgesetzte von Herrn Moser sieht sich als zentrale Entscheidungsinstanz. Er muss sich vor keinem rechtfertigen und will durch dieses Verhalten seine Macht demonstrieren, obwohl er der Entscheidung seines Mitarbeiters im Grunde zustimmt.

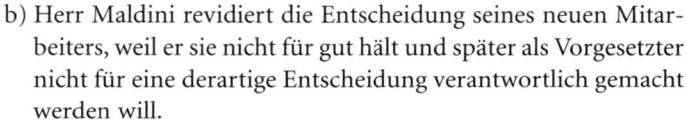

| sehr zutreffend | eher zutreffend | eher nicht zutreffend | nicht zutreffend |

d) In Italien ist es ganz normal, spontan und flexibel auf Situationen zu reagieren. Herr Maldini ist auf einen neuen Aspekt der Situation gestoßen und hat die Entscheidung von Herrn Moser diesem noch schnell angepasst.

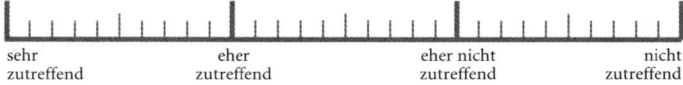

| sehr zutreffend | eher zutreffend | eher nicht zutreffend | nicht zutreffend |

– Versuchen Sie, Ihre Einstufung jeder Antwortalternative zu begründen. Halten Sie die Begründung in schriftlicher Form stichpunktartig fest.

98

– Lesen Sie nun die Erläuterungen zu jeder Antwortalternative und vergleichen Sie diese mit Ihren eigenen Begründungen.

◼ Bedeutungen

Erläuterung zu a):
Grundsätzlich ist es so, dass Untergebene in die Revision von Entscheidungen nicht mit einbezogen werden müssen. Auch in deutschen Unternehmen wird diese Regelung angewandt. Im vorliegenden Fall muss jedoch berücksichtigt werden, dass Herr Moser als Führungskraft der Kreativabteilung die Befugnisse und Kompetenzen besitzt, alleinig Entscheidungen dieser Art zu fällen. Wäre diese Situation nur einmal aufgetreten, könnte diese formale Erklärung durchaus zutreffen. Da es Herrn Moser jedoch häufig passiert, dass seine Entscheidungen, welche er nach bestem Wissen und Gewissen und nach Abwägen aller notwendigen Aspekte trifft, von seinem Vorgesetzten nachträglich verändert werden, kann diese Alternative unseren Fall nicht vollständig erklären.

Erläuterung zu b):
Es liegt nahe, dass Herr Maldini die von Herrn Moser getroffene Entscheidung für falsch und unprofessionell hält und sie deshalb im Nachhinein modifiziert. In italienischen Unternehmen tragen Führungskräfte die alleinige Verantwortung für ihre Mitarbeiter. Treffen Mitarbeiter eine Entscheidung, die negative Implikationen für das Unternehmen besitzen könnte, so ist der jeweilige Vorgesetzte für diese Fehlentwicklung verantwortlich. Er kann sich nicht darauf berufen, von den getroffenen Entscheidungen nichts gewusst zu haben, sondern ist automatisch in der Verantwortung und muss die Fehltritte seiner Mitarbeiter ausbaden. Auch ist ein Mangel an Vertrauen in Herrn Moser durchaus als Ursache für die nachträgliche Entscheidungsmodifikation denkbar. Herr Moser ist erst seit kurzem im Unternehmen tätig und für viele, so auch für seinen Vorgesetzten, noch ein unbeschriebenes Blatt. Herr Maldini weiß noch nicht, wie er die Kompetenz von Herrn Moser einzuschätzen hat und ist sich nicht sicher, ob

99

er seinen Entscheidungen das angemessene Vertrauen schenken kann. Dieser Erklärungsansatz spricht zwar einen wichtigen Aspekt der italienischen Kultur an, der aber allein das Verhalten von Herrn Mosers Vorgesetzten nicht ausreichend beschreiben kann. In diesem Fall ist der Erklärungswert einer anderen Antwortalternative höher einzustufen, da der Vorgesetzte nicht nur einmal, sondern über einen längeren Zeitraum hinweg die Entscheidungen von Herrn Moser verändert. Würde er sie jedes Mal nicht gut heißen, stünde zu erwarten, dass er seinen Mitarbeiter auf dessen inkompetentes Entscheidungsverhalten ansprechen würde.

Erläuterung zu c):
Italienische Unternehmen sind geprägt durch eine straff organisierte hierarchische Struktur. Kompetenzen sind klar geregelt, der Informationsfluss sowohl in vertikaler als auch in horizontaler Ebene wird kontrolliert und alle Entscheidungen laufen bei den Führungskräften bzw. beim »presidente« zusammen. Macht wird klar demonstriert und zur Schau getragen. Um Machtbereiche abzustecken und zu zeigen, wer die Entscheidungsbefugnisse im Unternehmen besitzt, kommt es des Öfteren vor, dass von Mitarbeitern der unteren und mittleren Führungsebene getroffene Entscheidungen nachträglich verändert werden. Modifikationen können mitunter minimal und gar nicht der Rede wert sein, doch sie zeigen den Mitarbeitern unverkennbar, wer hier das Sagen hat. Herr Moser berichtet, dass seine Entscheidungen im ersten halben Jahr seiner neuen Tätigkeit in Italien regelmäßig von Herrn Maldini revidiert wurden. Es steht zu vermuten, dass dieser seinem neuen Mitarbeiter von Anfang an klar zeigen wollte, wer hier die Zügel in der Hand hält. Vorgesetzte in Italien sind es nicht gewöhnt, dass Entscheidungen ohne ihr Wissen getroffen werden. Sie erwarten von ihren Mitarbeitern, dass ihnen alle Entscheidungen vorgelegt werden, selbst wenn diese die erforderlichen Kompetenzen und Befugnisse besitzen. Der Vorgesetzte von Herrn Moser fühlt sich vermutlich von seinem neuen deutschen Mitarbeiter, der die Spielregeln im Unternehmen noch nicht kennt, übergangen. Er hat das Gefühl, durch das Verhalten von Herrn Moser sein Gesicht verloren, seine »bella figura«, eingebüßt zu haben. Aus diesem Grund versucht er Herrn Moser

100

durch Veränderungen der Entscheidungen indirekt zu zeigen, dass in diesem Unternehmen ein informelles Regelsystem bezüglich hierarchischer Strukturen herrscht, das er erst noch erlernen muss. Diese Erklärung trifft den kulturhistorischen Hintergrund am besten.

Erläuterung zu d):
Italiener sind dafür bekannt, jede Situation flexibel, mit großem Erfindergeist und ausgeprägter Kreativität zu bewältigen. Sie sind Meister der Kunst, sich in jeder Lebenslage zu helfen wissen. Es ist durchaus denkbar, dass Herr Maldini, nachdem er die Entscheidung von Herrn Moser vorgelegt bekommen hat, einen unberücksichtigten Aspekt entdeckt und so eine spontane Revision der bereits getroffenen Entscheidung vornimmt. Er spricht sich nicht erst mit Herrn Moser ab, sondern handelt nach italienischer Manier aus dem Bauch heraus. Unser Fall kann durch diese Erklärung dennoch nicht umfassend verständlich gemacht werden, da der Vorgesetzte dieses Verhalten im folgenden halben Jahr häufig zeigt. Es ist nicht davon auszugehen, dass Herr Moser ausnahmslos wichtige Aspekte bei seiner Entscheidungsfindung unberücksichtigt lässt.

– Beantworten Sie bitte folgende Frage: Wie würden Sie sich in einer ähnlichen Situation verhalten? Halten Sie ihre Gedanken in schriftlicher Form fest.

■ Lösungsstrategie

In der italienischen Unternehmenshierarchie bleiben einem Deutschen, der sich einem italienischen Vorgesetzten in dieser Situation gegenüber sieht, wenige Verhaltensoptionen offen. Italienische Führungskräfte oder gar Gründer der jeweiligen Firma stehen in der Hierarchie um einiges höher, als das in Deutschland der Fall ist. Durch Demonstration der Bedeutung und Macht ihrer Person grenzen sie sich klar von ihren Mitarbeitern ab. Unter Zuhilfenahme ihrer Macht weisen sie neuen Mitarbeitern den ihnen gebührenden Platz in der Hierarchie zu. Dieses Verhalten wird jedoch von den italienischen Mitarbeitern nicht unbedingt als negativ oder als Einschränkung erlebt, sondern entspricht den Rollenerwartungen, die sie an den in der Hierarchie höher stehenden Personenkreis richten.

Sich das Vertrauen eines italienischen Vorgesetzten zu erarbeiten, kann sich zwischen unterschiedlichen Hierarchieebenen schwierig gestalten. Mit Kollegen würde man sich einfach auf einen Kaffee oder zu einem gemeinsamen Mittagessen treffen. Dies erscheint jedoch im Umgang mit Führungskräften als unangebracht. Es liegt sowohl in ihrem Bestreben, sich von ihren Mitarbeitern abzugrenzen, als diese Grenze von diesen auch erwartet und eingefordert wird. So besteht meist lediglich die Möglichkeit, das Vertrauen des Vorgesetzten durch Einsatz, Engagement und somit Beweis der eigenen Kompetenz in sehr kleinen Schritten zu erwerben. An dieser Stelle ist jedoch Vorsicht geboten. Italiener haben von Deutschen das Bild, dass sie sich ihren italienischen Mitmenschen generell überlegen fühlen. Tritt man nun seinem Vorgesetzten mit übermäßigem Engagement und neuen revolutionären Ideen gegenüber, so kann sich der gewünschte Effekt schnell ins Gegenteil verkehren.

Aufgrund seiner Erfahrungen in deutschen Unternehmen wäre es möglich, dass Herr Moser als Reaktion ein Gespräch mit seinem Vorgesetzten suchen und ihn direkt auf die ständigen Modifikationen seiner Entscheidungen ansprechen will. Direkte Kritik an seinem Vorgesetzten zu üben oder ihm gar Vorwürfe zu machen, ist aufgrund seiner herausragenden Position und dem Status, den er im Unternehmen besitzt, nahezu unmöglich und auch nicht anzuraten. Italiener sind zwar in der Regel nach einem Streit sehr schnell wieder versöhnlich gestimmt und nicht nachtragend, doch sollte man sich im Umgang mit Führungskräften nicht allzu sehr darauf verlassen. Durch direkte Kritik von einem Mitarbeiter fühlen sie sich persönlich sehr getroffen. Sie verlieren ihr Gesicht, ihre »bella figura« nimmt Schaden, da sie sich in ihrem Stolz sehr gekränkt und in den Augen der anderen Mitarbeiter lächerlich gemacht fühlen. Bei einem nachtragenden Vorgesetzten könnte das der Anfang vom Ende der Zusammenarbeit sein.

Generell ist es also angebracht, sich der Hierarchie unterzuordnen und sich nach den Spielregeln, die in italienischen Unternehmen herrschen, zu richten. Auf diese Weise umgeht man ein ständiges Anecken. Hierarchie spielt in italienischen Unternehmen noch eine große Rolle. Die innerbetriebliche Struktur wird sich vermutlich erst im Laufe der Zeit langsam hin zu einer etwas teamorientierteren Arbeitsweise entwickeln.

■ Beispiel 13: Endlose Diskussion

■ Situation

Frau Schmidt lebt seit zwei Jahren in Italien und arbeitet als Leiterin der Auslandsabteilung in einem großen deutschen Bankkonzern. In einem Meeting ihrer Abteilung steht ein Thema zur Debatte, über das es eine Entscheidung zu treffen gilt. Die Diskussion erstreckt sich schon fast über das ganze Meeting, als Frau Schmidt zu ihren Mitarbeitern sagt, sie hätten jetzt noch eine Viertelstunde Zeit und dann müsse eine Entscheidung auf dem Tisch liegen. Die Mitarbeiter reagieren etwas irritiert. Es wird weiter über das Thema geredet. Nach einer Viertelstunde sind sie noch zu keinem Ergebnis gekommen und so gibt Frau Schmidt noch einmal eine Viertelstunde zur Diskussion frei. Nach dieser erneuten Viertelstunde haben sich ihre Mitarbeiter immer noch zu keiner Entscheidung durchringen können. Frau Schmidt sagt, dass sie heute unbedingt noch zu einer Entscheidung kommen müssen. Daraufhin erwidern ihre Mitarbeiter, dass sie dann das Ergebnis bestimmen müsse. Dafür sei sie ja schließlich auch die Chefin. Frau Schmidt findet die Situation unangenehm, weil es ihr wichtig ist, dass Entscheidungen schnell und gemeinsam getroffen werden.

Wie lässt sich das Verhalten der italienischen Mitarbeiter von Frau Schmidt erklären?

– Lesen Sie nun die Antwortalternativen nacheinander durch.
– Bestimmen Sie den Erklärungswert jeder Antwortalternative für die gegebene Situation und kreuzen Sie ihn auf der darunter liegenden Skala entsprechend an. Es ist möglich, dass mehrere Antwortalternativen den gleichen Erklärungswert besitzen.

■ Deutungen

a) Diskutieren ist die Lieblingsbeschäftigung der Italiener. Sie wollen sich durch die Darstellung ihrer Meinung selbst präsentieren, ihre Person in ein positives Licht gegenüber ihrer Vorgesetzten rücken und verfransen sich daher in einer langen Diskussion, ohne auf den Punkt zu kommen.

| sehr zutreffend | eher zutreffend | eher nicht zutreffend | nicht zutreffend |

b) Frau Schmidt ist als Vorgesetzte führungsschwach, weshalb sich ihre Mitarbeiter nicht an ihre Vorgaben halten.

| sehr zutreffend | eher zutreffend | eher nicht zutreffend | nicht zutreffend |

c) In Italien ist man Teamarbeit nicht gewöhnt. Es ist üblich, dass der Vorgesetzte alle Entscheidungen trifft.

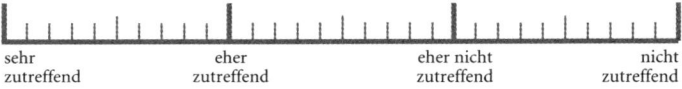

| sehr zutreffend | eher zutreffend | eher nicht zutreffend | nicht zutreffend |

d) Die italienischen Mitarbeiter haben einfach die Zeit übersehen.

| sehr zutreffend | eher zutreffend | eher nicht zutreffend | nicht zutreffend |

– Versuchen Sie, Ihre Einstufung jeder Antwortalternative zu begründen. Halten Sie die Begründung in schriftlicher Form stichpunktartig fest.
– Lesen Sie nun die Erläuterungen zu jeder Antwortalternative und vergleichen Sie diese mit Ihren eigenen Begründungen.

104

▦ Bedeutungen

Erläuterung zu a):
Italiener sind ein Volk der Kommunikation. Sie lieben es zu diskutieren, ihre Meinung wortreich darzulegen, andere von ihrer Ansicht zu überzeugen und sich mit Hilfe ihrer rhetorischen Fähigkeiten selbst zu inszenieren. Sie sind emotional und können ihre Meinung sehr vehement und mit großer Ausdruckskraft und Lautstärke, unterstützt durch intensives Gestikulieren, vertreten. Italiener neigen zu Übertreibungen, gegenseitigem Unterbrechen im Gespräch, theatralischem und verbaldramatischem Auftreten. All dies dient vor allem der Aufrechterhaltung und zur Schau Stellung der eigenen »bella figura«. Dieses ausgeprägte Identitätsbewusstsein der Italiener soll in Kapitel 5 noch ausführlich zum Thema gemacht werden. Obwohl diese Erklärung in vorliegender Situation sicherlich eine Rolle spielt, ist ein anderer Aspekt zentraler für das Verhalten der Mitarbeiter von Frau Schmidt.

Erläuterung zu b):
Die Möglichkeit, dass Frau Schmidt als Führungskraft wenig geeignet ist und sich als Diskussionsleiterin nicht durchsetzen kann, besteht in der Tat. Wie auch in Deutschland würden die italienischen Mitarbeiter vermutlich mit unaufmerksamem und ungehorsamem Verhalten auf eine führungsschwache Vorgesetzte reagieren. Es würde ihr wenig Respekt entgegengebracht und ihre Vorgaben würden ignoriert werden. Da vergleichbare Situationen jedoch von vielen in Italien tätigen Deutschen berichtet werden, steht zu vermuten, dass ein anderer Grund ausschlaggebender für das italienische Verhalten ist.

Erläuterung zu c):
Teamarbeit stellt in italienischen Unternehmen keine gängige Arbeitsweise dar. Es mögen zwar viele Themen im Team ausführlich besprochen und von allen Seiten beleuchtet werden, doch es bleibt bei Diskussionen. Das Team wird nicht als Entscheidungsforum genutzt. Die alleinige Entscheidungsbefugnis bleibt dem Vorgesetzten vorbehalten, der von dieser Macht auch Gebrauch macht. Somit entspricht er auch den Rollenerwartungen, die ihm

von seinen Mitarbeitern entgegengebracht werden. Mitarbeiter wissen, dass, selbst wenn sie Entscheidungen treffen würden, diese vermutlich im Nachhinein sowieso wieder modifiziert werden würden. Als Folge dieser strengen Berufshierarchie übernehmen sie nur sehr ungern Verantwortung. Sie geben diese lieber ab, um nicht für Fehlentscheidungen verantwortlich gemacht werden zu können, da bei solchen zumeist sehr autoritär durchgegriffen wird. So erwarten die Mitarbeiter in unserem Fall von ihrer Vorgesetzten, dass sie ihnen von vornherein sagt, wo es lang geht und ihnen so die Richtung vorgibt. Die Mitarbeiter verlangen in vorliegender Situation ein starkes und durchsetzungsfähiges Verhalten ihrer neuen Vorgesetzten. Die Entscheidungsfindung obliegt ihr allein.

Erläuterung zu d):
Ein flexibler Umgang mit Zeit kennzeichnet die italienische Mentalität, wie bereits ausführlich in Kapitel »Flexibler Umgang mit Regeln« erläutert wurde. Zeitliche Vorgaben werden nicht so eng gesehen, zumal, wenn die Diskussion noch in vollem Gange ist und sich eventuell neue Ideen und kreative Entwicklungen daraus ergeben könnten. Für Italiener ist eine Diskussion an sich wichtiger als die genaue Beachtung des zeitlichen Rahmens. Sie sehen Frau Schmidt vermutlich als »typisch deutsch«, da sie ständig auf die Einhaltung des Zeitlimits pocht, wohingegen ihre italienischen Mitarbeiter diesen Aspekt als nicht so wichtig ansehen. Diese Erklärungsalternative mag zwar in dieser Situation eine Rolle spielen, kann das Verhalten der Mitarbeiter dennoch nicht vollständig verständlich machen.

– Beantworten Sie bitte folgende Frage: Wie würden Sie sich in einer ähnlichen Situation verhalten? Halten Sie ihre Gedanken in schriftlicher Form fest.

■ Lösungsstrategie

Zentral ist in dieser Situation erneut, wie schon vielfach angesprochen, die Wichtigkeit, die Italiener einer guten, tragfähigen und vertrauensvollen Beziehung auch zu ihren Kollegen und

106

Vorgesetzten beimessen. Als neue deutsche Führungskraft sollte man in seiner Einarbeitungszeit im Unternehmen versuchen, diese zu seinen Mitarbeitern, so weit es die Grenzen des hierarchischen Gefälles erlauben, aufzubauen. Ist dies geschehen, so ist es durchaus denkbar, auch Entscheidungen auf Teamebene zu forcieren. Die Mitarbeiter müssen das Gefühl haben, dass sie Vertrauen in ihre Führungskraft setzen können und sie nicht sofort abgestraft werden, wenn sie eine Fehlentscheidung treffen sollten. Wissen sie, dass das Angebot einer gemeinsamen Entscheidungsfindung ernst gemeint ist und auch die Vorgesetzte hinter der getroffenen Entscheidung steht, so nehmen sie die Möglichkeit, eigene Ideen und Vorschläge einzubringen, eher wahr.

Um dem Sicherheitsbedürfnis der Mitarbeiter noch weiter gerecht zu werden, bietet sich an, ihnen klar definierte Kompetenzräume und Richtlinien vorzugeben. In einer unserem Fall vergleichbaren Besprechungssituation sollten von dem Vorgesetzten klare Vorgaben über die Entscheidungsbefugnisse gemacht werden. Auch der zeitliche Rahmen ist klar abzustecken und die Entscheidungsfaktoren, die in die Diskussion mit einbezogen werden, sollten allen Mitarbeitern von vornherein klar sein. Bei der zeitlichen Begrenzung der Diskussion ist es allerdings wichtig, den interkulturelle Unterschied im Umgang mit Zeit zu berücksichtigen und ausreichend Raum für Diskussionen zur Verfügung zu stellen. Einige Deutsche erwähnten, dass sie mit dieser Strategie im Rahmen von Besprechungen Erfolge verbuchen konnten. Eine gute Konferenzleitung vorausgesetzt, können Italiener so mit Vorgaben sehr gut umgehen. Es wird sich dann auch an Tagesordnungen gehalten, die genau vorgeben, dass bis zu einer bestimmten Uhrzeit eine Entscheidung – und zwar von allen Teilnehmern – zu treffen ist.

■ Beispiel 14: Der unsichere Controller

■ Situation

Frau Weber arbeitet seit vier Jahren als Finanzchefin in der italienischen Niederlassung eines großen deutschen Unternehmens.

107

Zu Beginn ihrer Tätigkeit in Italien beauftragt sie einen italienischen Controller, Herrn Colombo, Daten für eine Präsentation bei einem externen Lieferanten aufzubereiten. Schon nach kurzer Zeit tritt dieser mit der Frage an sie heran, wie er bestimmte Daten darstellen solle. Frau Weber ist der Ansicht, dass der Controller dies auch ohne weiteres selbst entscheiden könne. Sie ist irritiert von dessen Verhalten und kann nicht verstehen, wieso er mit derart unwichtigen Entscheidungen, die er selbstständig treffen kann, an sie herantritt.

Wie lässt sich das Verhalten von Herrn Colombo erklären?

– Lesen Sie nun die Antwortalternativen nacheinander durch.
– Bestimmen Sie den Erklärungswert jeder Antwortalternative für die gegebene Situation und kreuzen Sie ihn auf der darunter liegenden Skala entsprechend an. Es ist möglich, dass mehrere Antwortalternativen den gleichen Erklärungswert besitzen.

■ Deutungen

a) Herr Colombo will seine neue deutsche Vorgesetzte austesten und sehen, wie kompetent sie ist. Frauen in Führungspositionen sind in Italien eher eine Seltenheit und so müssen sie oft mehr leisten als ihre männlichen Kollegen, um anerkannt zu werden.

| sehr | eher | eher nicht | nicht |
| zutreffend | zutreffend | zutreffend | zutreffend |

b) Italienische Mitarbeiter sind selbstständiges Arbeiten nicht gewöhnt. Sie wissen, dass alle Entscheidungen den Vorgesetzten vorbehalten sind.

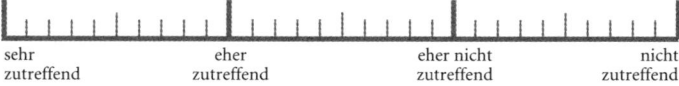

| sehr | eher | eher nicht | nicht |
| zutreffend | zutreffend | zutreffend | zutreffend |

c) Die Anweisungen, die Herr Colombo von Frau Weber erhalten hat, waren nicht vollständig genug, um die Präsentation vorzubereiten.

108

| sehr zutreffend | eher zutreffend | eher nicht zutreffend | nicht zutreffend |

d) Italiener haben ein ausgeprägtes Sicherheitsbedürfnis. Sie wollen nichts falsch machen, um einen guten Eindruck zu hinterlassen.

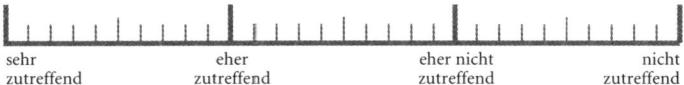

| sehr zutreffend | eher zutreffend | eher nicht zutreffend | nicht zutreffend |

- Versuchen Sie, Ihre Einstufung jeder Antwortalternative zu begründen. Halten Sie die Begründung in schriftlicher Form stichpunktartig fest.
- Lesen Sie nun die Erläuterungen zu jeder Antwortalternative und vergleichen Sie diese mit Ihren eigenen Begründungen.

■ **Bedeutungen**

Erläuterung zu a):

Frauen in Führungspositionen sind in Italien in der Unterzahl und kämpfen oft auf einsamem Posten. Aufgrund der traditionellen Rollenverteilung in italienischen Familien ist es vor allem im Süden eher selten, dass Frauen berufstätig sind. Noch ungewöhnlicher ist es, eine Frau in der Führungsetage eines großen Unternehmens zu finden. Von vornherein wird ihr von ihren Mitarbeitern weniger Kompetenz zugesprochen. Sie muss um einiges mehr leisten als ihre männlichen Kollegen, um anerkannt zu werden. Für die Mitarbeiter von Frau Weber ist die Unterordnung unter eine weibliche Führungskraft neu. So versucht möglicherweise auch Herr Colombo seine neue Vorgesetzte durch unnötiges Nachfragen einer Probe zu unterziehen. Auf diesem Weg will er austesten, wie kompetent seine neue Chefin ist und ihr gleichermaßen indirekt zu verstehen geben, dass sie mit ihm und den anderen Kollegen kein leichtes Spiel haben wird. Unsere Situation hat sich allerdings im Norden des Landes ereignet. Im Gegensatz zu Süditalien ist es im industrialisierten Norden kein Novum mehr, Frauen in Führungspositionen zu finden. Sie sind

109

zwar immer noch stark in der Unterzahl, doch gewöhnen sich Mitarbeiter und Kollegen immer mehr an die berufstätige und erfolgreiche Frau. Daher ist davon auszugehen, dass diese Antwortalternative durchaus einen wahren Kern treffen mag, das Verhalten des italienischen Mitarbeiters in dieser Situation jedoch nicht vollständig erklären kann.

Erläuterung zu b):
Die Berufshierarchie wird in Italien intensiver gelebt als in Deutschland. Mitarbeiter in italienischen Unternehmen sind es gewöhnt, einem autoritären Führungsstil und einer straff organisierten Hierarchie Folge zu leisten. Italienische Vorgesetzte gehen von dem Rollenverständnis aus, dass sie für die Vorkommnisse in ihrer Abteilung die alleinig Verantwortlichen sind und bei Fehlentscheidungen zur Rechenschaft gezogen werden. Dies führt dazu, dass sie kaum delegieren. Sie treten wenn möglich keinerlei Befugnisse ab und versuchen, ihren Machtbereich klar abzustecken. Mitarbeiter sind diesen engen Führungsstil gewöhnt und halten sich daran. Wenn sie eine falsche Entscheidung treffen, dann wissen sie, dass von ihren Vorgesetzten sehr strikt, autoritär und mittels strenger Abmahnungen durchgegriffen wird. Sie versuchen daher, so wenig Verantwortung wie möglich zu übernehmen und sich abzusichern, indem sie nur die Anweisungen, die sie von oben erhalten, in die Tat umsetzen. Das gibt ihnen die nötige Sicherheit, Aufgaben auch korrekt durchzuführen. So kommt es für sie zu keinem bösen Erwachen, wenn sich im Nachhinein herausstellt, dass ihnen ein Fehler unterlaufen ist. Die Verantwortlichkeit ist dann durch die Abgabe der Entscheidungsbefugnis bei der Führungskraft zu suchen. So versucht auch Herr Colombo alle Verantwortung für die Präsentation von sich abzuwälzen und zieht seine Vorgesetzte bereits bei Kleinigkeiten, wie es Frau Weber scheint, zu Rate. Diese Antwortalternative umschreibt das gezeigte Verhalten des italienischen Controllers am besten.

Erläuterung zu c):
Es ist durchaus denkbar, dass Frau Weber aufgrund des immensen Arbeitspensums, das zu Beginn ihrer Tätigkeit in Italien auf sie

zugekommen ist, vergessen hat, ihrem Controller, Herrn Colombo, eine vollständige Datenbasis zur Verfügung zu stellen. So wäre es nur allzu verständlich, dass Herr Colombo, nachdem er bemerkt hat, dass in seinen Vorgaben eine Lücke klafft, sich an Frau Weber wendet, um die nötigen Informationen zu erhalten. Es hat sich jedoch im Laufe der Beantwortung seiner Frage bezüglich der Darstellung bestimmter Daten gezeigt, dass er bereits über vollständiges Material verfügte. Der Erklärungswert einer anderen Alternative ist im vorliegenden Fall also höher anzusiedeln.

Erläuterung zu d):
Italiener versuchen in jeder Lebenslage, sei sie persönlicher oder beruflicher Art, eine möglichst gute Figur, eine »bella figura«, abzugeben. Herr Colombo ist sich nicht sicher, wie er bestimmte Daten darstellen soll und um sich später nicht die Blöße zu geben, eine fehlerhafte Präsentation abgeliefert zu haben und dadurch eine »brutta figura« zu machen, fragt er lieber gleich bei seiner Vorgesetzten nach. Neben der Wahrung des eigenen Gesichtes ist man in Italien auch immer darauf bedacht, das Gesicht anderer Personen zu wahren. So ist Herrn Colombo vermutlich auch sehr daran gelegen, seine neue Vorgesetzte nicht durch eine fehlerhafte Präsentation, die sie vor den externen Lieferanten zu halten haben wird, in eine peinliche Situation zu bringen. In dieser Erklärung lässt sich ein wahrer Kern finden. Den wichtigsten Beitrag zum Verständnis der Situation kann diese Antwortalternative dennoch nicht liefern.

– Beantworten Sie bitte folgende Frage: Wie würden Sie sich in einer ähnlichen Situation verhalten? Halten Sie ihre Gedanken in schriftlicher Form fest.

▨ Lösungsstrategie

Solche oder ähnlich gelagerte Situationen erleben Deutsche in ihrer Rolle als Vorgesetzte in Italien beinahe täglich: Mitarbeiter scheuen sich davor, Verantwortung zu übernehmen. Aufgrund einer straff durchorganisierten Unternehmenshierarchie sind sie es nicht gewöhnt, selbstständig zu arbeiten und eigenverantwort-

111

lich Entscheidungen zu treffen. Auch wenn die Mitarbeiter sich als Experten auf einem Gebiet bezeichnen können, wird der zuständige Vorgesetzte immer um Rat gefragt, obwohl dieser in dem entsprechenden Themengebiet bei weitem nicht so gut bewandert sein mag wie sein Untergebener. Von einer Führungskraft wird in Italien erwartet, dass sie konkrete Anweisungen gibt und ihren Mitarbeitern exakt den Weg weist.

Eine Veränderung des Verhaltens italienischer Arbeitnehmer in der hierarchischen Unternehmensstruktur erfordert viel Zeit und Geduld, da es sich um eine fundamentale Umgestaltung der gewohnten Kommunikation handelt. Ermutigt man seine Mitarbeiter zum selbstständigen Handeln und Treffen von Entscheidungen, so bedarf es auch der Vermittlung von Sicherheit, dass punktuelles Scheitern nicht zu einer katastrophalen Reaktion führt. Fehlentscheidungen seitens der Mitarbeiter dürfen keine Kündigungsangst hervorrufen.

Ist es das Bestreben der deutschen Führungskraft, partizipative Strukturen im Unternehmen oder in ihrer Abteilung zu implementieren und »complete staff work« einzufordern, so muss den Mitarbeitern täglich ehrliches Interesse an ihrer Meinung gezeigt werden. Ein derartiger Vorstoß wird nämlich nur von Erfolg gekrönt sein, wenn die Mitarbeiter ihrem Chef Vertrauen entgegenbringen. In unserem Fall bestünde die Möglichkeit, zusammen mit dem Controller eine Lösung für das anstehende Problem zu finden.

Generell kann das Misstrauen der Mitarbeiter reduziert werden, indem Vorgesetzte versuchen, auf informellem Weg Kontakt zu suchen. Für Führungskräfte mag sich diese Form der Kontaktaufnahme jedoch etwas schwierig gestalten, da italienischen Arbeitnehmern ein freundschaftlicher und gleichgestellter Umgang mit ihren Vorgesetzten neu ist. Sie kennen nur die strikte Hierarchie. Als Deutscher kann man diesen Weg dennoch versuchen, sollte jedoch gewisse Grenzen nicht überschreiten, da man sonst Gefahr läuft, seine »bella figura« im Kreise der Führungselite zu verlieren. Hat man eine positive Basis mit seinen Untergebenen erreicht, so fällt es diesen unter Umständen leichter, sich mit eigenen Ideen, Vorschlägen und Fragen einzubringen und etwas selbstständiger Entscheidungen zu treffen.

An dieser Stelle ist jedoch auch wieder zu beachten, dass das Interesse an der eigenen Person und dem privaten Umfeld von Italienern mehr honoriert wird als rein fachliche Beachtung seitens der Führungskraft. Freundschaftliche und vertrauensvolle Beziehungen sind der Schlüssel zu mehr Entschlossenheit, Selbstständigkeit, Entscheidungsfreudigkeit und Verantwortungsübernahme der Arbeitnehmer. Diese Vorgehensweise wird jedoch nicht bei allen italienischen Mitarbeitern von Erfolg gekrönt sein. So lassen sich vor allem ältere Mitarbeiter nur schwer von ihrer über Jahrzehnte erlernten Vorstellung einer autoritären und patriarchalischen Führungskraft abbringen, der die alleinige Entscheidungsgewalt zur Verfügung steht. Hier ist ein konkretes Stellen von Anforderungen und ein ständiges Kontrollieren des Arbeitsablaufes gefragt. Für Deutsche mag dieses Maß an Kontrolle zu viel sein, doch sollte man sich in manchen Fällen an die noch vorherrschende Beziehung zwischen Vorgesetzten und ihren Mitarbeitern anpassen.

Generell sollte man auch die Tatsache nicht aus dem Blick verlieren, dass die italienischen Arbeitnehmer an der Ehrlichkeit und Aufrichtigkeit des partizipativen Angebots zweifeln könnten und lieber auf Nummer sicher gehen. Bei vielen ist das Verständnis von Führungskräften geprägt durch ein Bild der Verfolgung eigener Interessen und Ignoranz gegenüber Mitarbeitermeinungen und -ideen. Um diese grundlegenden und tief verankerten Strukturen aufzubrechen, müsste generell mehr Delegation stattfinden. Dies würde auf der einen Seite die Bereitschaft der Chefs erfordern, Informationen und Entscheidungskompetenzen abzugeben und auf der anderen Seite müsste auf unteren Ebenen auch der Wunsch nach mehr Verantwortung und Teamarbeit vorhanden sein.

Abschließend bleibt im Bezug auf Frauen in italienischen Führungsrollen anzumerken, dass sie es schwerer haben als ihre männlichen Kollegen. Sie müssen sich mehr anstrengen, um ihre Fähigkeiten unter Beweis zu stellen. Mit Nachdruck sollten sie ihre Meinung vertreten und nicht zu bescheiden sein, da sie sonst nicht ernst genommen und für inkompetent gehalten werden. Als deutsche Vorgesetzte stellt dies jedoch eine Gratwanderung dar. An diesem Punkt ist ein Mittelweg zwischen konsequentem Auftreten und freundschaftlichem Beziehungsaufbau gefragt.

■ Beispiel 15: »Dr. Kunert«

■ Situation

Herr Kunert arbeitet seit zehn Monaten als Controllingleiter in einem großen Tochterkonzern eines deutschen Unternehmens in Italien. Als er vor zehn Monaten erstmals in die Firma kommt, um seinen Arbeitsvertrag zu unterzeichnen, wird er in diesem als »Dr. Kunert« bezeichnet, obwohl er keinen Doktortitel besitzt. Herr Kunert teilt dies der Personalreferentin mit, doch diese sagt, dass es nicht wichtig sei, ob er einen Titel habe oder nicht. Hier in Italien wäre er jetzt für alle ein Dr. Der Doktortitel bleibt auf dem Arbeitsvertrag stehen. Herr Kunert ist überrascht von diesem Verhalten.

Wie lässt sich das Verhalten der italienischen Personalreferentin erklären?

– Lesen Sie nun die Antwortalternativen nacheinander durch.
– Bestimmen Sie den Erklärungswert jeder Antwortalternative für die gegebene Situation und kreuzen Sie ihn auf der darunter liegenden Skala entsprechend an. Es ist möglich, dass mehrere Antwortalternativen den gleichen Erklärungswert besitzen.

■ Deutungen

a) Da Herr Kunert die wichtige Funktion eines Controllers im Unternehmen besetzt, ist man einfach davon ausgegangen, dass er diesen Titel besitzt und will den Vertrag nun im Nachhinein nicht mehr verändern.

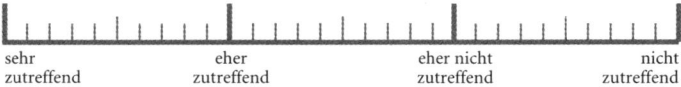

| sehr zutreffend | eher zutreffend | eher nicht zutreffend | nicht zutreffend |

b) Titel werden in Italien verwendet, um die Distanz zwischen Mitarbeitern und Vorgesetzten aufrecht zu erhalten. Gewünscht wird dies von beiden Seiten, weshalb die Personalabteilung den Vertrag so belässt.

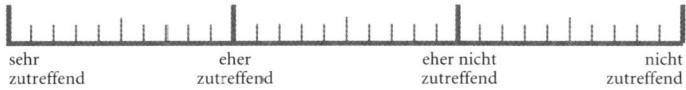

| sehr zutreffend | eher zutreffend | eher nicht zutreffend | nicht zutreffend |

c) Die Mitarbeiter verwenden ihren Vorgesetzten gegenüber übertriebene Titulierungen, um sich bei ihnen einzuschmeicheln. Man kann nie wissen, wann man die Gewogenheit einer hierarchisch höher stehenden Person benötigen könnte.

| sehr zutreffend | eher zutreffend | eher nicht zutreffend | nicht zutreffend |

d) Durch die Verwendung eines Titels zeigt man Herrn Kunert Respekt und Wertschätzung.

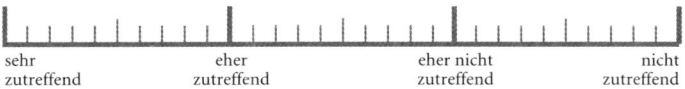

| sehr zutreffend | eher zutreffend | eher nicht zutreffend | nicht zutreffend |

– Versuchen Sie, Ihre Einstufung jeder Antwortalternative zu begründen. Halten Sie die Begründung in schriftlicher Form stichpunktartig fest.
– Lesen Sie nun die Erläuterungen zu jeder Antwortalternative und vergleichen Sie diese mit Ihren eigenen Begründungen.

▦ Bedeutungen

Erläuterung zu a):
Da Herr Kunert eine wichtige Position im Unternehmen besetzen soll und dafür extra aus Deutschland geschickt wurde, geht die Personalabteilung davon aus, dass es sich mit Sicherheit um einen neuen Kollegen mit akademischem Titel handeln müsse. Sie hat den Vertrag unter diesen Voraussetzungen ausgearbeitet. Als Herr Kunert versucht, den Fehler zu korrigieren, sind bereits alle Unterlagen unter Verwendung dieser Titulierung ausgearbeitet. Es kann durchaus möglich sein, dass sich die Sekretärinnen der Personalabteilung nicht mehr die Mühe machen wollen, alles noch einmal zu überarbeiten. Sie bevorzugen es, den falschen Titel auf dem Vertrag stehen zu lassen. Diese Herangehensweise an

115

das gezeigte Verhalten mag zutreffend sein. Da jedoch Fehltitulierungen in Dokumenten auch in Italien eher eine Seltenheit sind, ist der Erklärungswert eines anderen Aspekts höher.

Erläuterung zu b):
Die italienische Berufshierarchie in Unternehmen ist sehr ausgeprägt. Zwischen Vorgesetzten und ihren Mitarbeitern herrscht eine große Distanz. Von beiden Seiten wird versucht, diese auch aufrecht zu erhalten. Vorgesetzte wollen dadurch ihren Machtbereich klar abstecken und sich von den unteren Ebenen abgrenzen, was ihnen ihre Position und Macht sichert. Auf der anderen Seite liegt es aber auch im Interesse der Mitarbeiter, sich so weit wie möglich von der Führungsriege zu distanzieren. Sie wissen, wo sie sich im hierarchischen Gefälle befinden und das vermittelt ihnen die notwendige Sicherheit und Orientierung. Die Titulierung höher stehender Personen trägt zur Wahrung dieser Distanz bei. Beide Seiten wissen so ganz genau, auf welcher Ebene sie sich bewegen. Diese Erklärung beinhaltet einen sehr wichtigen Aspekt, der diese Situation stark beeinflusst. Eine andere Erläuterung bietet aber eine noch umfassendere und allgemein gültigere Beschreibung des gezeigten Verhaltens.

Erläuterung zu c):
Die Gewogenheit seiner Vorgesetzten zu besitzen, kann einem über so manche Schwierigkeiten hinweg helfen. Wie in Kapitel 2 »Beziehungsorientierung« bereits angesprochen, sind Italiener immer bemüht, zu ihrer Umwelt in guter und freundschaftlicher Beziehung zu stehen. Übertriebene Titelverleihungen und Schmeicheleien sind dieser Absicht zuträglich. Auf der einen Seite fühlen sich Führungskräfte durch ein »dottore« vor ihrem Namen geehrt, auch wenn sie den Titel rein rechtlich nicht für sich beanspruchen dürften. Auf der anderen Seite können sich Mitarbeiter auf diese Weise bei ihren Vorgesetzten in ein positives Licht rücken. Sie zeigen, dass sie »ben educato« (gut erzogen) sind und werten durch ihr höfliches Verhalten die »bella figura« des vermeintlichen »dottore« auf. So profitieren beide Parteien von den Fehltitulierungen. Dieser Aspekt ist in seinem Erklärungswert beinahe gleichwertig zu Erläuterung b).

Erläuterung zu d):
Wertschätzung und Respekt Führungspersonen gegenüber drückt sich in Italien durch spezielle Umgangsformen aus. Es bestehen klare informelle Regeln, wie man sich einer Führungskraft gegenüber zu benehmen hat. Dazu gehört auch die Verleihung von Titeln, die in den meisten Fällen nicht zutreffend oder durch akademische Erfolge und Abschlüsse nicht zu rechtfertigen sind. Gebildete und höher stehende Personen versucht man dadurch zu ehren und ihnen den Respekt entgegen zu bringen, der ihnen gebührt. Auch steht der Titel für Erreichtes und wird als eine Art Statussymbol verwendet. Die meisten in Italien tätigen Führungskräfte, seien sie nun Italiener oder Deutsche, werden von ihren Mitarbeitern mit »dottore« oder »dottoressa« angesprochen. Auch der Geschäftsführer wird selten beim Namen genannt, sondern läuft unter dem Titel »presidente«. Bietet beispielsweise eine Abteilungsleiterin ihren Mitarbeitern das »Du« an, so lassen sich oft Betitelungen wie »Dottoressa Barbara« finden. Auf diese Weise wird Respekt bekundet, gleichzeitig jedoch das Angebot des Duzens aufgegriffen. Die Kommunikation wird so nicht allzu förmlich.

– Beantworten Sie bitte folgende Frage: Wie würden Sie sich in einer ähnlichen Situation verhalten? Halten Sie ihre Gedanken in schriftlicher Form fest.

▪ Lösungsstrategie

Fehltitulierungen sind im italienischen Arbeitsalltag an der Tagesordnung. Für einen Deutschen mag dies zunächst befremdlich sein. Jede Person, die ein Hochschulstudium hinter sich oder auch ohne dieses eine wichtige Position inne hat, wird mit einem Titel dekoriert. Viele Deutsche berichten, dass sie in ihrem Unternehmen von allen Kollegen und Vorgesetzten als »dottore« oder »dottoressa« angesprochen werden, obwohl sie keinen Doktortitel besitzen. Doch auch wenn man diesen formellen Fehler anmerkt, ändert sich an dieser Titulierung nichts. Als Deutscher kann man sich zwar darüber wundern, sollte diese Ehrbezeigung

117

jedoch als solche akzeptieren. Für Italiener drückt der Titel lediglich Respekt und Wertschätzung für wichtige und gebildete Personen aus. Er steht stellvertretend für das, was die jeweilige Person in ihrem Leben schon geschafft hat und wird gern als Symbol dafür anerkannt. Italiener titulieren sich mit großer Vorliebe gegenseitig, um so einem jeden Menschen das Gefühl zu geben, er sei eine herausragende Persönlichkeit. Vor diesem Hintergrund sollte man versuchen, sich an die vielen »dottore« und »presidente« zu gewöhnen und sie als nette Geste werten.

Da es sich jedoch in der vorliegenden Situation um ein offizielles Dokument handelt, hätte Herr Kunert darauf beharren sollen, dass der Titel wieder gestrichen wird. In der mündlichen Kommunikation ist eine Respektsbezeigung wie »dottore« üblich. Auf Dokumenten sollte sie jedoch vermieden werden, da es sich um offizielle Unterlagen handelt, die keinen Fehler aufweisen sollten. Vor allem im Hinblick auf den enormen Bürokratismus, der in Italien herrscht, kann man sich durch eine Richtigstellung spätere langwierige Aufklärungsprozesse ersparen, falls die Fehltitulierung ans Tageslicht kommt.

In der mündlichen Kommunikation ist das Verhalten situationsabhängig anzupassen. Im Kontakt mit italienischen Mitarbeitern des Unternehmens und Kunden kann man diese Titulierung als Respektsbekundung annehmen. Es bedarf keiner Korrektur, da es den meisten Italienern einerlei ist, ob der Titel auch wirklich akademisch erworben wurde. Wenn man eine hohe Position besetzt, dann hat man ihn allein auf Grund dieser Tatsache mit Sicherheit schon verdient. Da dieser Titel jedoch besonders von den Mitarbeitern verwendet wird, um ihre persönliche Wertschätzung zu bekunden, sollte man als deutsche Führungskraft im Kontakt mit den eigenen Vorgesetzten darauf achten, wie diese einen ansprechen und sich dieser Form anpassen. Gegenüber einer Führungskraft wird auch von einem Deutschen verlangt, dass er sich den Höflichkeitsformen anpasst und die entsprechenden Umgangsformen wahrt, das heißt, sich der gebräuchlichen Titel bedient.

Generell erfordert der Umgang mit Vorgesetzten in Italien, mehr noch als in Deutschland, spezielle Umgangsformen, die sich der jeweiligen hierarchischen Ebene anpassen. Höfliches, respektvolles und beinahe serviles Verhalten wird erwartet. Durch die Erziehung im Rahmen einer patriarchalischen Familienstruktur ist man dieses Verhalten gewöhnt. Man verhält sich gegenüber einer Führungskraft wie gegenüber einer autoritären und unantastbaren Vaterfigur. An diversen Situationsbeispielen lassen sich die geforderten Umgangsformen erkennen. Sie können dazu beitragen, den Erwartungen seitens der Italiener in zahlreichen Situation mehr zu entsprechen:

1. Will man sich als Deutscher in der Vorgesetztenrolle von seinen Mitarbeitern duzen lassen, so muss man ihnen dieses Angebot direkt und im persönlichen Gespräch machen. Auch dann wird ihnen das Duzen einer Führungskraft noch schwer fallen, doch sie können es eher akzeptieren. Zu keinem Erfolg führt hier das indirekte Angebot zu einem informelleren Umgang, zum Beispiel indem der Vorgesetzte E-Mails an seine Mitarbeiter nur mit seinem Vornamen unterschreibt. Die Italiener werden ihn trotzdem weiterhin siezen, da ihnen kein direktes Angebot gemacht wurde und sie formelle Strukturen gewöhnt sind.

2. Als Führungskraft sollte man in Italien nicht überrascht sein, von Mitarbeitern auf unteren Ebenen, wie zum Beispiel dem Portier oder den Frauen in der Kantine, überschwänglich begrüßt und nach dem eigenen Wohlbefinden und dem der Familie befragt zu werden. Viele Deutsche legen diese Art der Begrüßung als Schmeichelei aus. Diese Attribution ist fehl am Platz. Italienische Mitarbeiter, vor allem wenn sie in der Unternehmenshierarchie einen niedrigen Platz einnehmen, wollen so ihren Respekt gegenüber den hierarchisch Höherstehenden bekunden. Auch sollte man von dieser Form der Begrüßung nicht negativ berührt sein und sie als Servilität abstempeln. Als höflich wird es empfunden, wenn man sich für das Interesse bedankt. Erscheint es passend, kann man sich ebenfalls nach dem Befinden des Mitarbeiters erkundigt.

3. Bei Begrüßungen und Verabschiedungen ist zu beachten, dass Personen unterschiedlicher Hierarchieebenen nie die Floskel »ciao« verwenden, die sich im deutschsprachigen Raum in den letzten Jahren eingebürgert hat. »Ciao« wird nur unter Freun-

119

den, Bekannten und eventuell gleichgestellten oder unter Mitarbeitern niedriger Ebenen verwendet. Gegenüber Höhergestellten finden die Begrüßungs- und Verabschiedungsfloskeln »Buongiorno« (Guten Tag) bzw. »Arrivederci« (Auf Wiedersehen) Verwendung.

4. Verfasst man ein formales Schreiben an einen Vorgesetzten, so wird es als besonders höflich und von Wertschätzung geprägt verstanden, wenn es nach deutschen Verhältnissen ziemlich umständlich und kompliziert geschrieben ist. Man zeigt so der Führungsperson Respekt, da der Eindruck entsteht, man habe sich beim Verfassen des Schreibens besondere Mühe gegeben. Dieses Verhalten lässt sich auch mit der »bella figura« und der rhetorischen Tradition der Italiener in Einklang bringen, auf die an späterer Stelle noch ausführlich eingegangen werden soll.

5. Begegnet man einem Vorgesetzten auf dem Gang, so ist es unhöflich, ihn bezüglich benötigter Informationen anzusprechen. Es würde der unteren Ebene sogar sehr negativ angerechnet werden und kann unter Umständen zu einem wütenden und sehr emotionalen Ausbruch des Chefs führen. Man sollte einen Vorgesetzten, dem man im Unternehmen zufällig begegnet, nur respektvoll grüßen und es dabei belassen. Bei Fragen ist es angezeigt, sich extra einen Termin geben zu lassen, auch wenn sie leicht im Vorbeigehen zu klären wären.

6. Befindet man sich als Deutscher in der mittleren Führungsebene, so kann es durchaus vorkommen, dass man von seinen Vorgesetzten ohne vorherige Abklärung oder einem Angebot geduzt wird. Im Gegenzug wird jedoch das »Sie« erwartet. Viele Deutsche erwähnten, dass sie sich wie »Schuljungen« behandelt fühlten. Man sollte jedoch vor allem in der Anfangsphase dieses autoritäre und patriarchalische Verhalten auf sich beruhen lassen.

7. Will man innerhalb des Unternehmens einen Mitarbeiter aus einer anderen Abteilung kontaktieren, so hat dies in keinem Fall auf direktem Weg zu geschehen. Zunächst bedarf es an dieser Stelle einer Anfrage beim eigenen Vorgesetzten, der sich wiederum an den Vorgesetzten der anderen Abteilung wendet und mit ihm gemeinsam diesen Kontakt ihrer Mitarbeiter gutheißt, oder auch nicht. Würde man den Umweg über die Füh-

120

rungskräfte auslassen, so könnte die Zusammenarbeit im Weiteren empfindlich gestört sein. Es würde keine positive Atmosphäre mehr herrschen, weil sich die Vorgesetzten respektlos behandelt und übergangen fühlen würden.

Neben der reinen Höflichkeit und dem erwartungskonformen respektvollen Verhalten verbirgt sich hinter überschwänglichen Begrüßungen und formellen Titeln natürlich auch der Gedanke, sich die Gunst der Höherstehenden zu sichern. Erlangt man diese, so können mittels dieses Netzwerkes viele Ziele leichter erreicht werden. Man kommt im Leben einfacher voran, wenn man sich Freunde sucht und sich die Gewogenheit vor allem der in der Hierarchie weit oben angesiedelten Personen erarbeitet.

■ Kulturelle Verankerung von »Hierarchieorientierung«

Die italienische Gesellschaft wird von einem starken Denken in Hierarchien bestimmt. Das wichtigste und Überleben sichernde Netzwerk in Italien stellt die Familie dar. Innerhalb der Mauern der familiären Festung herrschen nach wie vor patriarchalische Züge, die sich vor allem im Süden des Landes noch bemerkbar machen. Neben der wichtigen Rolle, die unzweifelhaft der Mutter zukommt, verkörpert der Vater das Oberhaupt der Familie, dem sich die anderen Familienmitglieder respektvoll unterzuordnen haben. Diese aus den familiären Strukturen abstammende Hierarchiegläubigkeit greift auf das gesellschaftliche und wirtschaftliche Leben über und äußert sich in einem ausgeprägten Obrigkeitsdenken. So ordnen sich die Italiener auch außerhalb ihrer Familie der Hierarchie unter und vertrauen auf den »Patron«. Dieser ist sich seiner Macht durchaus bewusst und genießt sie auch. Er steckt seinen Einflussbereich ganz genau ab und wehrt sich gegen Einmischung in seine Angelegenheiten aufs Schärfste. Italienische Führungskräfte benehmen sich mitunter wie kleine Könige. Sie halten die Zügel in der Hand und versuchen, alles unter ihre Kontrolle zu bringen. Informationen laufen bei ihnen zusammen und werden nur selektiv an die Mitarbeiter weitergegeben. Als Resultat ergibt sich eine teils ineffektive Arbeitsweise, da wichtige Neuigkeiten nur langsam oder auf informellem Weg zu den Mitarbeitern durchsickern. Dies trägt auch dazu bei, dass die Treffen am Kaffeeautomaten oder das gemeinsame Mittagessen für italienische Arbeitnehmer einen unverzichtbaren Bestandteil ihres Arbeitstages ausmachen. Ohne diese informellen Zusammenkünfte und den Aufbau eines tragfähigen Beziehungsnetzwerkes im Unternehmen gelangt man nicht an die notwendigen Informationen. Die obere Führungsriege handelt strikt nach dem Prinzip »Wissen ist Macht«. Wer sowohl den vertikalen als auch den horizontalen Informationsfluss kontrolliert, hat die Macht, alles nach seinem Belieben zu regeln und in die entsprechenden Bahnen zu leiten. Haben die unteren Führungsebenen oder Mitarbeiter Fragen vorzubringen, so müssen sie erst alle Ebenen passieren, bevor sie bei der entsprechenden Person angelangt sind. Vergleichbar dem ausufernden Bürokratismus in Italien ergeben sich so lange und verzögerte Informationskanäle. Des Öfteren werden sie sogar wissentlich blockiert, um eine Vormachtstellung nicht aufzugeben.

Zur unmissverständlichen Demonstration ihrer Machtstellung werden in unteren Führungsebenen getroffene Entscheidungen, obwohl sie von dem Vorgesetzten eigentlich gutgeheißen werden, im Nachhinein oft revidiert und modifiziert. Diese Strategie erfreut sich gegenüber neuen ausländischen Mitarbeitern besonderer Beliebtheit, um ihnen von Anfang an klar zu zeigen, wer das Sagen hat. Nach deutschen Maßstäben erscheint diese innerbetriebliche Hierarchie unökonomisch. Zu beachten ist hierbei jedoch auch, dass sich zum Widerwillen der Vorgesetzten, Informationen weiter- und Entscheidungskompetenzen abzugeben, der Widerstand der unteren Ebenen im Bezug auf Verantwortungsübernahme, Teamarbeit und eigenständige Entscheidungsfindung gesellt. So ist mitunter gar keine Delegation von Aufgaben möglich, weil Mitarbeiter nicht gewillt sind, diese auszuführen und selbstständiger zu arbeiten. Diese Haltung resultiert aus dem Wissen um die strengen und autoritären Ahndungen von Fehlentscheidungen oder -verhalten. Übernahme von Verantwortung wird als Gefahr empfunden. Die Mitarbeiter fühlen sich aufgehoben, wenn sie ihren Platz in der Rangordnung genau kennen und wissen, was von ihnen erwartet und gefordert werden kann. Dies gibt ihnen ein Gefühl von Sicherheit und Orientierung. Selbst bei Kleinigkeiten wird die Meinung der Führungskraft eingeholt, auch wenn diese sich in das entsprechende Themengebiet nicht eingearbeitet hat und der Mitarbeiter allein kompetenter mit diesen Fragen umgehen könnte. Die Mitarbeiter erwarten detaillierte Ausarbeitungen von Aufgaben und konkrete mündliche Anweisungen durch ihren Vorgesetzten. Eigeninitiative und Handlungsspielraum lehnen sie ab. Demokratischer und kooperativer Führungsstil, wie er von deutschen Führungskräften zum großen Teil bevorzugt wird, findet keinen Zuspruch, sondern stößt vielmehr auf Unverständnis. Für den Deutschen ergibt sich dadurch ein Bild der Passivität auf Arbeitnehmerseite. Sie bringen nie oder nur selten eigene Ideen ein und ergreifen von sich aus keine Initiative. So kann es schon mal vorkommen, dass Arbeitnehmer so lange untätig sind, bis sie von oben neue Anweisungen – vorzugsweise in mündlicher Form – erhalten. Von allein entscheiden sich viele nicht, in einen neuen Arbeitsprozess einzutreten, so sehr sind sie an die hierarchischen Strukturen gewöhnt. Negativ kreiden viele Deutsche an dieser Stelle auch das diskrepante Verhältnis zwischen der fachlichen Kompetenz der Arbeitnehmer und der Angst davor, diese auch anzubringen, an.

Im Vergleich zu anderen Ländern gibt es in Italien immer noch viele gründergeführte Unternehmen. Die Firmengründer setzen alles daran, ihre alleinige Vormachtstellung zu behalten und ihren Einflussbereich so weit wie möglich auszuweiten. Aus der gesellschaftlichen Struktur Italiens, in der die Familie die einzige entscheidende Institution ist, lässt sich auch die Tatsache erklären, dass der Reichtum des Landes vor allem auf Familienunternehmen beruht, die sich durch ihren starken Zusammenhalt und strenge Hierarchie kennzeichnen. Die Mitarbeiter folgen ihrem Gründer diskussions- und kritiklos wie einem Vater.

Das Recht, offen Kritik zu üben, ist auch nur hierarchisch Höherstehenden vorbehalten. Durch direkte Kritik wird die »bella figura« einer Person ins Wanken gebracht, wie im Themenbereich »Identitätsbewusstsein« (Kapitel 5) beschrieben werden soll. So ist es sozial völlig unpassend und dem eigenen Fortkommen im Unternehmen wenig förderlich, seinen Vorgesetzten zu kritisieren.

123

Im Vergleich zu anderen Kulturen, die eine starke hierarchische Orientierung aufweisen, hebt sich die italienische Kultur jedoch in einem Punkt ab. So stehen beispielsweise in China ältere Personen dem Senioritätsprinzip zu Folge in ihrem Status und Ansehen weit über allen anderen Mitmenschen. Diese Form der Verehrung älterer Menschen lässt sich in Italien wenig finden. Ihnen wird Respekt entgegengebracht, vergleichbar dem in Deutschland üblichen Maße, doch nicht darüber hinaus. So ist es auch nicht ungewöhnlich, dass eine Abteilung, in der viele Mitarbeiter schon seit langer Zeit beschäftigt sind und sich schon dem Rentenalter annähern, einen jungen Vorgesetzten bekommt. Trotz des Altersunterschiedes wird er vermutlich nicht auf Neid oder Unverständnis darüber stoßen, dass nicht ein älterer Mitarbeiter diesen Platz eingenommen hat.

Das Obrigkeitsdenken der Italiener lässt sich jedoch im Umgang mit der Staatsgewalt nicht finden. Der Staat ist ihr Feind und die Vertretung des Staates, die Polizei, wird nicht sonderlich ernst genommen. Wird beispielsweise eine Strafe wegen einer Verkehrssünde verhängt, so wird diese keineswegs kommentarlos hingenommen. Im Gegenteil, der Italiener diskutiert so lange mit dem Gesetzeshüter, bis sich die Strafe stark reduziert hat oder gar ganz aufgehoben wird. Hinter diesem Verhalten steckt die flexible Handhabung von Regeln (Themenbereich 3) und die Kunst des »arrangiarsi«. Das Einzige, was den Italienern überhaupt Vertrauen einzuflößen scheint, ist Macht (Wöltje, 2003): Macht jedoch nicht im Sinne der polizeilichen Verfügungsgewalt, sondern als unternehmerischer Erfolg, Gewitztheit und Hinterlistigkeit (furbo), sowie Reichtum und die Fähigkeit, für seine eigene Familie bestmöglich zu sorgen.

Im Unternehmen ergibt sich aus der hierarchischen Struktur noch eine weitere Besonderheit: Die Umgangsformen müssen ihr unter allen Umständen angepasst werden. Geschieht dies nicht, so mangelt es dem Mitarbeiter an Anstand, Höflichkeit und Respekt. Er gefährdet durch inadäquate Formen des Umgangs sein eigenes Fortkommen im Unternehmen, schafft eine negative Atmosphäre und wird sich einen autoritären Rückschlag der Führungskraft einhandeln.

Besonders wichtig erscheint es an dieser Stelle noch, auf die

Stellung der Frau in der italienischen Gesellschaft einzugehen. Wie bereits angesprochen, geht die strenge Berufshierarchie in italienischen Unternehmen auf die traditionellen Familienstrukturen Italiens zurück. In dieser nehmen Frauen, vor allem im Süden Italiens, die traditionelle Rolle der »mamma« ein und sorgen zu Hause für Haushalt und Kinder. Der Mann ist für den Unterhalt der Familie verantwortlich. Ist eine Frau berufstätig, so ist noch in vielen Köpfen der Eindruck verhaftet, dass es dem Vater der Familie nicht gelingt, in ausreichenden Maße für die Seinen zu sorgen. Aufgrund des traditionellen Rollenbildes werden Frauen im Wirtschaftsleben mitunter weniger ernst genommen als ihre männlichen Kollegen. Vor allem in Führungspositionen haben Frauen einen schweren Stand und müssen ihre Kompetenz immer wieder unter Beweis stellen. Doch das Frauenbild ist auch in Italien, wie in vielen anderen Ländern, in den letzten Jahren einem enormen Wandel unterworfen und wird sich in der Zukunft immer weiter hin zu mehr Gleichberechtigung bewegen.

Neben der Passivität und den angesprochenen unökonomischen Implikationen der italienischen Hierarchieorientierung lässt sich durchaus auch ein positiver Aspekt feststellen. Die Kompetenzen und Befugnisse im Unternehmen sind klar aufgeteilt und jeder ist sich seiner Rolle bewusst und weiß, dass er seinen Bereich nicht zu überschreiten hat. Dem Einzelnen gibt dieses hierarchische Gefüge Sicherheit und ein Kompetenzgerangel ist dadurch von vornherein ausgeschlossen.

▓ Themenbereich 5: Identitätsbewusstsein (bella figura)

▓ Beispiel 16: Das missglückte Anschreiben

▓ Situation

Herr Holzer lebt seit zweieinhalb Jahren in Italien und arbeitet dort in einem großen deutschen Unternehmen als Controlling-Leiter. Monatlich verfasst Herr Holzer ein Anschreiben an seine Mitarbeiter, in dem er die wesentlichen Entwicklungen des letzten Monats erläutert und auf bestehende Probleme eingeht. Anfangs schreibt er dieses immer auf deutsch und übersetzt es dann zusammen mit der Leiterin der Buchhaltung, Frau Fabiani. Ab und zu verändert sie seine Formulierungen etwas. Diese Kollegin ist einen Monat lang krank. Herr Holzer verfasst sein Anschreiben wieder auf deutsch, da er sich der italienischen Sprache noch nicht so mächtig fühlt und lässt es von seiner Sekretärin übersetzen. Diese übersetzt den Text akribisch, ohne etwas zu verändern. Anschließend schickt er dieses Anschreiben per E-Mail an seine sechs Mitarbeiter und seinen Vorgesetzten, Herrn Valente. Zehn Minuten später klingelt das Telefon von Herrn Holzer. Sein Vorgesetzter ist sehr verärgert und schreit ihn durchs Telefon an, dass er in diesem Ton vielleicht in Deutschland schreiben könne, aber hier in Italien gehe das nicht. Herr Holzer ist verwundert und verärgert. Seiner Meinung nach hat er ein tadelloses Anschreiben angefertigt und konstruktiv Kritik geübt.

Wie erklären Sie sich die Verärgerung von Herrn Valente?

– Lesen Sie nun die Antwortalternativen nacheinander durch.
– Bestimmen Sie den Erklärungswert jeder Antwortalternative

für die gegebene Situation und kreuzen Sie ihn auf der darunter liegenden Skala entsprechend an. Es ist möglich, dass mehrere Antwortalternativen den gleichen Erklärungswert besitzen.

■ Deutungen

a) Der italienische Vorgesetzte ist einfach nur schlecht gelaunt und lässt seinen Unmut an Herrn Holzer aus.

| sehr zutreffend | eher zutreffend | eher nicht zutreffend | nicht zutreffend |

b) Die Kollegen wollen sich von einem Deutschen eine Kritik an ihrer Arbeit nicht gefallen lassen.

| sehr zutreffend | eher zutreffend | eher nicht zutreffend | nicht zutreffend |

c) Kritik stellt in Italien neben der professionellen auch die private Persönlichkeit des Kritisierten in Frage. Daher fühlen sich die Kollegen schwer getroffen.

| sehr zutreffend | eher zutreffend | eher nicht zutreffend | nicht zutreffend |

d) Herr Valente hat an dem Anschreiben von Herrn Holzer an sich nichts auszusetzen. Er hat nur das Gefühl, dass er von ihm übergangen wurde und will durch diese Zurechtweisung ganz klar die Kompetenzverteilung im Unternehmen aufzeigen. Die bisherigen Anschreiben hat er immer durch die Buchhalterin vor dem endgültigen Versand an die Mitarbeiter zur Durchsicht zugeschickt bekommen.

| sehr zutreffend | eher zutreffend | eher nicht zutreffend | nicht zutreffend |

– Versuchen Sie, Ihre Einstufung jeder Antwortalternative zu begründen. Halten Sie die Begründung in schriftlicher Form stichpunktartig fest.

128

– Lesen Sie nun die Erläuterungen zu jeder Antwortalternative und vergleichen Sie diese mit Ihren eigenen Begründungen.

■ Bedeutungen

Erläuterung zu a):
In der Tat besteht die Möglichkeit, dass Herr Valente einen schlechten Tag hinter sich hat und auf eine möglicherweise unkorrekte Formulierung im Anschreiben von Herrn Holzer überreagiert. Italiener sind sehr impulsive und emotionale Menschen. Ärgern sie sich über etwas, machen sie ihrem Unmut sofort lautstark Luft. Deutsche werden von diesen emotionalen Explosionen überrascht und können sie nicht einordnen. Sie denken, dass das Arbeitsklima nach einem derartigen Streit völlig zerstört ist. Dies ist jedoch nicht der Fall. Denn sobald der Ärger verbalisiert wurde, vergessen Italiener den Vorfall sehr schnell und gehen zur Tagesordnung über. Ausführlich soll die italienische Emotionalität in Kapitel 6 noch zum Thema gemacht werden. In dieser Situation ist davon auszugehen, dass andere Beweggründe für Herrn Valentes Verhalten ausschlaggebend sind.

Erläuterung zu b):
Das in Italien verbreitete Fremdbild der Deutschen ist geprägt von striktem Verhalten und Perfektionismus. »Deutsche lieben die Italiener, aber achten sie nicht. Italiener achten die Deutschen, aber lieben sie nicht.« Dieser Satz überzeugt durch seine einfache und präzise Beschreibung des Verhältnisses zwischen Deutschen und Italienern. Aufgrund dieser unausgewogenen Beziehung ist es durchaus möglich, dass sich sowohl die Kollegen als auch der Vorgesetzte von Herrn Holzer darüber ärgern, ausgerechnet von einem neuen deutschen Kollegen in ihrer Arbeitsweise kritisiert zu werden. Neben dem Deutschsein spielt dabei auch eine Rolle, dass er neu im Unternehmen ist und sich noch keinen Namen gemacht hat. Er ist noch ein unbeschriebenes Blatt, von dem man sich als alteingesessener Mitarbeiter nicht kritisieren lassen will. Italiener zeigen Veränderungen gegenüber generell etwas Widerstand. Sie bleiben lieber bei altbewährten Methoden und wehren

sich deswegen gegen neue und innovative Ideen, die die gewohnten Abläufe im Unternehmen verändern würden. Der vorgestellte Erklärungsaspekt mag in unserem Fall durchaus eine Rolle spielen. Eine andere Alternative ist jedoch noch wichtiger.

Erläuterung zu c):
Übt man in Italien professionelle Kritik an seinen Mitarbeitern, in der Absicht, ihr Entwicklungspotenzial zu fördern, kann dieser Schuss oft nach hinten los gehen. Italiener unterscheiden nicht zwischen Aufgabe und Person. So ist es beinahe unmöglich, sie rein auf der Sachebene zu kritisieren. Fachliche Kritik wird in Italien nicht nur als solche aufgefasst, sondern eine kritische Äußerung spricht immer die gesamte Persönlichkeit an. Negatives Feedback zeigt einem Italiener, dass er als Person nicht respektiert und akzeptiert wird. Man trennt nicht zwischen beruflichen und persönlichen Fähigkeiten und Fertigkeiten, sondern sieht sie als Einheit. Durch die offene Kritik von Herrn Holzer, die er als durchaus konstruktiv empfunden haben mag, hat er seine Mitarbeiter sehr getroffen, verletzt und belastet. Weiter hat er ihnen durch die mehreren Personen zugängliche Kritik per E-Mail-Anschreiben keine Chance gelassen, ihr Gesicht zu wahren. Durch dieses Missgeschick hat Herr Holzer nicht nur die »bella figura« seiner Kollegen gefährdet, sondern durch sein unangebrachtes Verhalten selbst eine »brutta figura« abgegeben und seine Beziehung sowohl zu seinen Kollegen als auch zu Herrn Valente verschlechtert.

Erläuterung zu d):
In italienischen Unternehmen läuft alles über den Schreibtisch der Vorgesetzten. Beinahe jedes Rundschreiben, jeder Vertrag, jede Entscheidung bedarf des Segens der Führungskraft. Sie hält alle Fäden in der Hand und führt ein strenges Regiment. So ist es vorstellbar, dass die Leiterin der Buchhaltung das Rundschreiben bisher vor der endgültigen Versendung dem Vorgesetzten von Herrn Holzer immer vorgelegt hat, ohne ihn darüber zu informieren. In Ermangelung dieses Wissen hat Herr Holzer, als er auf sich allein gestellt war, diesen Schritt ausgelassen und das Anschreiben sofort an die Kollegen geschickt. Dies hat dazu geführt,

130

dass sich Herr Valente von Herrn Holzer übergangen gefühlt hat. Durch den Anruf will er den neuen Mitarbeiter in seine Schranken weisen und den eigenen Machtbereich klar abstecken. Der Neue soll nicht denken, dass er hier im Unternehmen gleich alle Befugnisse an sich reißen kann. Die Kompetenzen sind klar verteilt und das soll auch so bleiben. Diese Antwort ist durchaus richtig, beleuchtet hier aber nur einen Teilaspekt.

– Beantworten Sie bitte folgende Frage: Wie würden Sie sich in einer ähnlichen Situation verhalten? Halten Sie ihre Gedanken in schriftlicher Form fest.

■ Lösungsstrategie

Verbesserungsvorschläge und konstruktive Kritik anzubringen, gestaltet sich in Italien allgemein schwierig. Italiener fühlen sich von sachlicher Kritik sehr schnell persönlich angegriffen und haben den Eindruck, ihre »bella figura« zu verlieren. Es sollte deshalb vermieden werden, Italiener offen zu kritisieren oder mit Fehlern direkt zu konfrontieren. Kritik zu üben gestaltet sich einfacher, wenn sie indirekt formuliert und in ein persönliches Gespräch eingeflochten wird. Das von Herrn Holzer verfasste Anschreiben war sowohl an die jeweiligen Vorgesetzten, als auch an einige Kollegen gerichtet. Die kritisierten Kollegen haben daher das Gefühl, vor all diesen Personen bloßgestellt worden zu sein und ihre »bella figura«, ihr Gesicht, vor ihnen verloren zu haben. Hätte Herr Holzer sie direkt angesprochen, wäre diese peinliche Situation für beide Seiten zu vermeiden gewesen und die Kollegen hätten sich unter vier Augen mit den Anmerkungen von Herrn Holzer auseinander setzen können. Ihnen wäre es erspart geblieben, dass alle anderen Kollegen und auch der direkte Vorgesetzte von Herrn Holzer von der Kritik an ihrer Person erfahren hätten. Doch auch in diesem kleinen Kontakt ist, wenn möglich, eine indirekte Wortwahl zu berücksichtigen. Nach der Meinung von Herrn Holzer hat er diese E-Mail bereits »durch die Blume« formuliert. Nach italienischen Maßstäben war das Anschreiben dennoch zu direkt und hat die Kollegen getroffen.

131

Durch dieses Anschreiben hat Herr Holzer jedoch nicht nur einen Angriff auf die »bella figura« der entsprechenden Kollegen geführt, sondern auch seine eigene Person in ein schlechtes Licht gerückt. Die Kollegen und auch sein Vorgesetzter sehen ihn nun als unhöfliche und respektlose Person, die nicht weiß, wie sie sich den Kollegen gegenüber wertschätzend und anständig verhält. Er hat eine »brutta figura« gemacht. Generell lassen sich für derartige Situation folgende Hinweise geben, die es zu beachten gilt:

1. Kritikäußerungen indirekt formulieren und eine offene Konfrontation mit Fehlern und direkte Kritik vermeiden.
2. Indirekte Kritik in einem persönlichen Rahmen, am besten in einem Gespräch unter vier Augen üben.
3. Kritik in ein normales Gespräch einflechten.
4. Persönliche Beziehungen zu Kollegen und Vorgesetzten aufbauen, die der jeweiligen Hierarchieebene angemessen sind.

Der Aufbau persönlicher Beziehungen ist also auch an dieser Stelle wieder der Schlüssel zum Erfolg. Auf diesem Wege wird es Herrn Holzer möglich sein, den Vorfall in Vergessenheit zu bringen und seine »bella figura« wieder herzustellen.

■ Beispiel 17: Ende der Diskussion

■ Situation

Frau Fischer arbeitet seit vier Jahren als Finanzchefin in der norditalienischen Niederlassung eines großen deutschen Unternehmens. In ihrer Firma ist sie einem älteren italienischen Geschäftsführer, Herrn Eco, unterstellt. Zu Beginn ihrer Tätigkeit in Italien äußert sich Frau Fischer bei einem Treffen des Geschäftsführers mit allen Abteilungsleitern kritisch zu einem Thema und bringt ihre Meinung zu einem Problem offen ein. Der italienische Geschäftsführer unterbricht daraufhin abrupt die Diskussion. Das Meeting ist beendet. Frau Fischer fühlt sich sehr unwohl und ist irritiert. Sie kann das Verhalten des Geschäftsführers nicht verstehen.

Warum beendet der italienische Geschäftsführer das Meeting so abrupt?

– Lesen Sie nun die Antwortalternativen nacheinander durch.
– Bestimmen Sie den Erklärungswert jeder Antwortalternative für die gegebene Situation und kreuzen Sie ihn auf der darunter liegenden Skala entsprechend an. Es ist möglich, dass mehrere Antwortalternativen den gleichen Erklärungswert besitzen.

■ Deutungen

a) Herr Eco beendet das Meeting, weil er Angst hat, dass Frau Fischer mit ihrem kritischen Auftreten die Atmosphäre durch weitere Äußerungen zerstören könnte.

sehr zutreffend	eher zutreffend	eher nicht zutreffend	nicht zutreffend

b) Hier spielt der Generationenkonflikt eine Rolle. Als junger Kollegin steht es Frau Fischer nicht zu, den um einiges älteren Geschäftsführer kritisch zu hinterfragen.

sehr zutreffend	eher zutreffend	eher nicht zutreffend	nicht zutreffend

c) Italiener behalten bewährte Methoden gern bei und sind weniger offen für Neues. Frau Fischer hat sie mit ihrem Vorschlag überrumpelt und so wird das Meeting abrupt beendet.

sehr zutreffend	eher zutreffend	eher nicht zutreffend	nicht zutreffend

d) In Italien ist es generell nicht üblich, seinen Vorgesetzten in Frage zu stellen.

sehr zutreffend	eher zutreffend	eher nicht zutreffend	nicht zutreffend

133

– Versuchen Sie, Ihre Einstufung jeder Antwortalternative zu begründen. Halten Sie die Begründung in schriftlicher Form stichpunktartig fest.
– Lesen Sie nun die Erläuterungen zu jeder Antwortalternative und vergleichen Sie diese mit Ihren eigenen Begründungen.

▓ Bedeutungen

Erläuterung zu a):
Italiener sind in jeder Situation sehr darum bemüht, eine positive Atmosphäre, frei von Spannungen und Reibereien, herzustellen und diese dann auch zu wahren. Am besten ist es immer, jedermanns Freund zu sein und sich keine Feinde zu machen. Man ist bestrebt, durch Anstand, Höflichkeit und Wertschätzung des Interaktionspartners dessen und die eigene »bella figura« keiner Gefährdung auszusetzen und sich als »ben educato« zu zeigen. Italiener legen großen Wert auf die Wahrung des eigenen und des Gesichts des Gegenübers. Gegenseitige Wertschätzung ist die oberste Devise. Der italienische Geschäftsführer Herr Eco bemerkt, dass Frau Fischer in ihrer typisch deutschen Art mit den ungeschriebenen Spielregeln in seinem Land noch nicht vertraut ist. Um größeren Schaden zu verhindern, beendet er das Meeting. Er ist dabei so taktvoll, sie nicht offen und direkt zu kritisieren und sie somit schon zu Beginn ihrer Tätigkeit in Italien vor ihren Kollegen als »brutta figura« hinzustellen. Stattdessen beendet er die Besprechung und schlägt dadurch zwei Fliegen mit einer Klappe. Er verhindert weitere Angriffe seitens Frau Fischer und rettet ihr eigenes Gesicht. Dies ist die allgemein gültigste Erklärung.

Erläuterung zu b):
Älteren Personen Respekt zu zollen ist in Italien ein erwartungskonformes Verhalten. Ist jemand schon lange in seinem Beruf, vielleicht auch mit gewisser Mühe aufgestiegen und zeichnet sich durch ein höheres Alter aus, so ist ihm mit Wertschätzung und Höflichkeit zu begegnen. Je weiter man in den Süden Italiens vordringt, desto respektvoller wird mit dem Alter umgegangen. Dies

134

lässt sich aus der generell traditionelleren Verankerung der Mentalität der Süditaliener erklären, die sich sehr stark an der römisch-katholischen Religion orientieren. Es ist durchaus möglich, dass sich der ältere Geschäftsführer von seiner jungen Mitarbeiterin angegriffen fühlt und aus gekränktem Stolz das Meeting beendet. Da sich diese Situation jedoch im industrialisierten Norden ereignet hat, vermag diese Erklärung das gezeigte Verhalten nicht vollständig zu beschreiben. Die Art und Weise, wie hier mit älteren Menschen in der Gesellschaft umgegangen wird, unterscheidet sich nicht wesentlich von unserem deutschen Bild. Ein anderer Aspekt ist in dieser Situation ausschlaggebender.

Erläuterung zu c):

Generell besteht in Italien tatsächlich die Tendenz, weniger offen für Veränderungen und Neuerungen zu sein. Vor allem in den traditionell und konservativ geprägten Teilen Süditaliens bleibt man lieber bei Altbewährtem, als sich mit neuen Ideen auf ungewohntes Terrain zu begeben. Je weiter man sich jedoch Richtung Norden bewegt, um so weniger lässt sich diese Verhaftung in gewohnten Methoden feststellen. Auch lässt sich das eher konservative Verständnis nicht auf die gesamte Bevölkerung verallgemeinern. Besonders junge und aufstrebende Italiener passen sich dem schnellen Wechsel und ständigen Neuerungen an. Aus diesem Grund scheint eine geringe Offenheit für Neues weniger ein kulturelles als vielmehr ein Thema unterschiedlicher Generationen zu verkörpern.

Erläuterung zu d):

Die hierarchische Struktur in italienischen Unternehmen ist sehr ausgeprägt. Es besteht eine große Distanz zwischen dem Vorgesetzten und seinen Mitarbeitern. Ein genauer Verhaltenscodex und angepasste Umgangsformen charakterisieren die Interaktion zwischen unterschiedlichen hierarchischen Ebenen. Einen Vorgesetzten öffentlich zu kritisieren, noch dazu während eines Meetings vor anderen Kollegen, würde in Italien wohl kaum ein Mitarbeiter wagen. Obwohl Frau Fischer lediglich Kritik an einem Sachverhalt und nicht an seiner Position oder Person geübt hat, fühlt Herr Eco sich unvorbereitet einem Angriff ausgesetzt. Hätte Frau Fischer ihren Vorgesetzten im Vorfeld auf dieses Problem angesprochen, so hätte sie ihm die Möglichkeit gegeben, sich mit dem Thema auseinander zu setzen. Er wäre nicht Gefahr gelaufen, sein Gesicht vor seinen Mitarbeitern zu verlieren. So ist in dieser Antwort ein wahrer Kern zu finden, wobei sich das zentrale Handlungsmotiv vor einem anderen Hintergrund als dem hierarchischen Gefälle noch eindeutiger klären lässt.

– Beantworten Sie bitte folgende Frage: Wie würden Sie sich in einer ähnlichen Situation verhalten? Halten Sie ihre Gedanken in schriftlicher Form fest.

■ Lösungsstrategie

Wie bereits erwähnt, gestaltet sich offene und in diesem Fall auch öffentliche Kritik in Italien schwierig. Diese Situation ist vergleichbar mit der eben bearbeiteten, unterscheidet sich jedoch in einem Punkt von ihr. Frau Fischer spricht keine Person direkt an, sondern kritisiert lediglich einen Sachverhalt und stellt ihre Meinung zu diesem Thema klar. Doch auch dieses Verhalten ist für den italienischen Geschäftsführer schon zu viel. Aus Angst vor weiteren Anschuldigungen und unpassenden Äußerungen seiner neuen deutschen Mitarbeiterin beendet er das Meeting vorzeitig. Herr Eco will vermeiden, dass die freundschaftliche und kollegiale Atmosphäre durch kritische Einwürfe und die Thematisierung von Problemen gefährdet wird.

Generell gilt, Kritik nicht vor einem großen Forum zu üben, sondern im persönlichen Kontakt. In diesem Rahmen lassen sich kritische Äußerungen leichter anbringen und treffen auf mehr Verständnis. Frau Fischer hätte sich bereits im Vorfeld der Besprechung direkt an ihren Vorgesetzten wenden und mit ihm den Sachverhalt besprechen können. Ausschlaggebend für den abrupten Abbruch des Meetings ist unter anderem die Tatsache, dass der Vorgesetzte von Frau Fischer das Gefühl hat, seine Autorität sei gefährdet. Unvorbereitet sieht er sich einer offenen Kritik seiner neuen Mitarbeiterin gegenüber, ohne dass er sich auch nur im Geringsten darauf hätte vorbereiten können. Diese Form des Kritikübens ist in Italien generell unüblich. Doch in dieser Situation kommt noch erschwerend hinzu, dass Frau Fischer sich anmaßt, dies in Anwesenheit eines hierarchisch Höherstehenden zu tun. Sie stellt ihn vor seinen Mitarbeitern bloß, greift seine »bella figura« an. Wie bereits erwähnt sollte Frau Fischer, um einen Affront zu vermeiden, ihren Vorgesetzten im Vorfeld darüber informieren, was sie zu tun beabsichtigt. Dadurch hätte sie es vermeiden können, ihn unwissentlich vor seinen Mitarbeitern in das offene Messer laufen zu lassen. Herr Eco hätte die Möglichkeit gehabt, sich auf die Thematik vorzubereiten und während des Meetings das Heft in der Hand zu behalten. In einem Zwiegespräch hätte er sie vermutlich darauf hingewiesen, welche Punkte sie ohne weiteres vor einem größeren Plenum vorbringen könne und welche es zu vermeiden gelte. Doch auch in dieser nicht-öffentlichen Situation ist darauf zu achten, kritische Äußerungen möglichst indirekt zu formulieren. Es erfolgt keine klare Abgrenzung beruflicher und privater Fähigkeiten einer Person. Fachliche Kritik wird in Italien als persönlicher Angriff gewertet. Um weiterhin ein positives Arbeitsklima zu wahren, gilt es einen solchen darum unter allen Umständen zu vermeiden.

Bei der Kontaktaufnahme im Vorfeld eines persönlichen Gesprächs ist es wichtig, sich an die Gepflogenheiten und Umgangsformen im Bezug auf das hierarchische Gefälle im Unternehmen zu halten. So ist es nicht möglich, einen Vorgesetzten einfach im Vorbeigehen anzusprechen und ihn kurz mit einer Frage zu behelligen. Der formale Weg über die Sekretärin oder, falls es sich um den Geschäftsführer handelt, eine weitere Führungsebene, muss unbedingt eingehalten werden. Es wird als unhöflich aufgefasst, sich seiner Position in der Unternehmenshierarchie nicht bewusst zu sein und seine Möglichkeiten zu überschreiten. Generell ist also anzuraten, sich immer an die hierarchisch geregelten Abläufe zu halten, auch wenn einem Deutschen dies zunächst miss- oder schwer fallen wird.

■ Beispiel 18: Die Beerdigung

■ Situation

Frau Torberg lebt seit zwei Jahren im italienischen Norden und arbeitet als Leiterin der Auslandsabteilung in einem großen deutschen Bankkonzern. Morgens im Büro erfährt sie, dass die Mutter einer Arbeitskollegin verstorben ist. Alle Mitarbeiter aus ihrer Abteilung gehen zu dieser Beerdigung, obwohl keiner die Mutter gekannt hat. Auch von ihr wird erwartet, dass sie an den Begräbnisfeierlichkeiten teilnimmt. Frau Torberg ist verwundert, dass ihre Kollegen zu dieser Beerdigung gehen und dass diese Verhaltenserwartung auch an sie gestellt wird.

Warum wird von den Kollegen und auch von Frau Torberg erwartet, dass sie an den Feierlichkeiten teilnehmen?

– Lesen Sie nun die Antwortalternativen nacheinander durch.
– Bestimmen Sie den Erklärungswert jeder Antwortalternative für die gegebene Situation und kreuzen Sie ihn auf der darunter liegenden Skala entsprechend an. Es ist möglich, dass mehrere Antwortalternativen den gleichen Erklärungswert besitzen.

■ Deutungen

a) Die Familie und vor allem die Mutter haben in Italien absolute Priorität und daher wird erwartet, dass man am Familienschicksal Anteil nimmt.

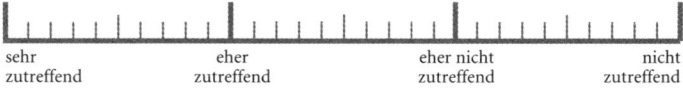

| sehr | eher | eher nicht | nicht |
| zutreffend | zutreffend | zutreffend | zutreffend |

b) Religion spielt in Italien eine zentrale Rolle. Aus diesem Grund hat die Begräbnisfeierlichkeit für die Mitarbeiter eine große Bedeutung.

| sehr | eher | eher nicht | nicht |
| zutreffend | zutreffend | zutreffend | zutreffend |

138

c) In Italien gibt es keine strikte Trennung von Arbeits- und Privatleben, weswegen immer Interesse an den privaten Umständen der Kollegen vorhanden ist.

| sehr | eher | eher nicht | nicht |
| zutreffend | zutreffend | zutreffend | zutreffend |

d) Die Höflichkeit gegenüber der Arbeitskollegin gebietet es, zur Beerdigung zu gehen.

| sehr | eher | eher nicht | nicht |
| zutreffend | zutreffend | zutreffend | zutreffend |

– Versuchen Sie, Ihre Einstufung jeder Antwortalternative zu begründen. Halten Sie die Begründung in schriftlicher Form stichpunktartig fest.
– Lesen Sie nun die Erläuterungen zu jeder Antwortalternative und vergleichen Sie diese mit Ihren eigenen Begründungen.

▓ Bedeutungen

Erläuterung zu a):
Wie sich im Kapitel »familismo« bereits gezeigt hat, wird der Familie und vor allem auch der Mutter in Italien besondere Wichtigkeit beigemessen. Die Familie steht im Mittelpunkt des Lebens eines Italieners und alle anderen Dinge müssen hinten anstehen. Der Vater verkörpert zwar das formale Oberhaupt der Familie, die Mutter hat jedoch in ihrer familiären und gesellschaftlichen Rolle eine besondere Stellung inne. »La mamma« ist das Herz einer jeden italienischen Familie. Mit liebevoller Hingabe sorgt sie für ihre Familie. So wäre es durchaus denkbar, dass aufgrund dieser Tatsache von Frau Torberg erwartet wird, an den Begräbnisfeierlichkeiten teilzunehmen, obwohl sie keinerlei Bezug zur Mutter der Kollegin hatte. Es steht zu vermuten, dass die Anteilnahme bei dem verstorbenen Vater eines Arbeitskollegen nicht in diesem Maße erwartet werden würde. Diese Erklärungsalternative umschreibt einen Teilbereich unseres Falles. Ein anderer Aspekt vermag jedoch das zentrale Handlungsmotiv noch besser zu erklären.

139

Erläuterung zu b):
Die Bedeutung, die der Religion in Italien zukommt, ist einer starken regionalen Disparität unterworfen. Je weiter man in den Süden des Landes vordringt, um so religiöser sind die Menschen und um so wichtiger nehmen sie religiöse Feierlichkeiten. Im industrialisierten Norden hat die katholische Kirche jedoch, ebenso wie in Deutschland, unter leeren Gotteshäusern und Kirchenaustritten zu leiden. Da sich eben beschriebene Situation in dieser Gegend ereignet hat, ist es als eher unwahrscheinlich anzusehen, dass eine tiefe Religiosität hinter dem gezeigten Verhalten der italienischen Kollegen von Frau Torberg steckt. Eine andere Erklärungsalternative trägt zum besseren Verständnis der Situation bei.

Erläuterung zu c):
Auf den ersten Blick erscheint es einem Deutschen so, als ob das italienische Arbeits- und Privatleben sehr eng miteinander verwoben wären. Kollegen zeigen sich untereinander sehr interessiert an persönlichen Lebensumständen und dem privaten Umfeld. Am Arbeitsplatz werden persönliche Dinge offener ausgetauscht als in Deutschland. Es wird Zeit für die Probleme, Sorgen und Nöte, aber auch die positiven Erlebnisse des anderen eingeräumt. An einem Trauerfall wird Anteil genommen. Doch betrachtet man diese Vernetzung von professionellem und persönlichem Leben genauer, so kristallisiert sich oft ein anderes Bild heraus. Trotz eines fließenderen Übergangs zwischen den unterschiedlichen Lebensbereichen haben sich in Italien klare Grenzen herausgebildet. Als informelles Regelsystem verhindern sie eine zu starke Vermischung der beiden Lebensumwelten. Trotzdem bestimmt der Umstand, dass man sich in Italien mehr für das Privatleben seiner Kollegen interessiert, diese Situation ganz entscheidend. Doch ist diese Erklärung nicht allein ausschlaggebend für das gezeigte Verhalten. Es gibt noch einen anderen, sehr wichtigen Beweggrund.

Erläuterung zu d):
Höflichkeit, Anstand, Respekt und Wertschätzung seinen Mitmenschen gegenüber werden in Italien großgeschrieben. Ver-

140

stirbt die Mutter einer Kollegin, so gebieten es Höflichkeit und Solidarität mit der Familie, dass Arbeitskollegen und Vorgesetzte an der Beerdigung teilnehmen. Vor allem von Vorgesetzten wird bei einem familiären Trauerfall ein derart höfliches Verhalten erwartet. Dadurch, dass Frau Torberg auf der Beerdigung der Mutter ihrer Mitarbeiterin erscheint, geht sie respektvoll mit der Familie der Verstorbenen um und zeigt den Angehörigen die Wertschätzung, die sie der Kollegin entgegenbringt. Sie nimmt deren Verlust ernst und zeigt Interesse und Anteilnahme am Schicksal ihrer Mitarbeiter. Die Familie erfährt durch die Anwesenheit der Vorgesetzten ihrer Tochter und zahlreicher Kollegen Aufwertung. Das lässt sie in einem positiven Licht erscheinen. Wäre Frau Torberg nicht zu den Feierlichkeiten erschienen, wäre zwar keine explizit negative Reaktion auf ihr Fernbleiben zu erwarten gewesen, sie hätte jedoch den Kollegen dadurch gezeigt, dass sie nicht »ben educato« ist, was ihrem zukünftigen Beziehungsaufbau im Unternehmen nicht dienlich gewesen wäre. Diese Erklärung beschreibt das gezeigte Verhalten vor dem kulturhistorischen Hintergrund am besten.

– Beantworten Sie bitte folgende Frage: Wie würden Sie sich in einer ähnlichen Situation verhalten? Halten Sie ihre Gedanken in schriftlicher Form fest.

■ Lösungsstrategie

Gegenseitige Wertschätzung, gutes Benehmen und respektvoller Umgang miteinander sind zentrale Charakteristika der italienischen Mentalität. Um sich »ben educato« zu zeigen und keine »brutta figura« zu machen, ist auch im beruflichen Umfeld höfliches Verhalten gefragt. Dies schließt auch die Anteilnahme am Tod der Mutter einer Kollegin ein. Um dieser Vorstellung von gutem Benehmen zu entsprechen und einen guten Eindruck bei ihren Mitarbeitern zu hinterlassen, sollte Frau Torberg an den Begräbnisfeierlichkeiten teilnehmen. Ihre Verwunderung über dieses Anliegen sollte sie zunächst nicht zeigen. Zu einem späteren Zeitpunkt kann sie sich dann bei gegebenem Anlass bei einem

Kollegen erkundigen, was hinter der Erwartung ihres Erscheinens zu der Beerdigung steckt. Zusätzlich sollte sich Frau Torberg noch darum bemühen, ein offizielles Beileidschreiben der Abteilung an die Familie zu schicken. Es bestünde auch die Möglichkeit, dass sie eine Geldsammlung unter den Kollegen initiiert, um einen Kranz für die Beerdigung zu kaufen. Durch all diese kleinen Gesten zeigt Frau Torberg ihre Wertschätzung der Familie, was ihr in Zukunft sowohl von der Familie als auch von ihren Mitarbeitern sehr hoch angerechnet werden wird.

■ Beispiel 19: Elegante Gäste

■ Situation

Herr Winkler arbeitet seit eineinhalb Jahren in Italien als Großkundenbetreuer einer deutschen Firma. Als er seine Kollegin Frau Scarletti und deren Mann zu sich und seiner Frau nach Hause zum Abendessen einlädt, erscheinen beide in sehr eleganter Abendgarderobe. Sie trägt ein langes schwarzes Kleid und Herr Scarletti erscheint im Smoking. Herr Winkler ist sehr überrascht. Ihm ist es peinlich, dass er und seine Frau in ihrer normalen Hauskleidung dastehen.

Wie lässt sich das elegante Auftreten des Ehepaars Scarletti erklären?

– Lesen Sie nun die Antwortalternativen nacheinander durch.
– Bestimmen Sie den Erklärungswert jeder Antwortalternative für die gegebene Situation und kreuzen Sie ihn auf der darunter liegenden Skala entsprechend an. Es ist möglich, dass mehrere Antwortalternativen den gleichen Erklärungswert besitzen.

■ Deutungen

a) Die italienische Kollegin und ihr Mann haben Herrn Winkler missverstanden. Sie sind davon ausgegangen, zu einem sehr formellen Abend in einem größeren Kreis eingeladen worden zu sein.

142

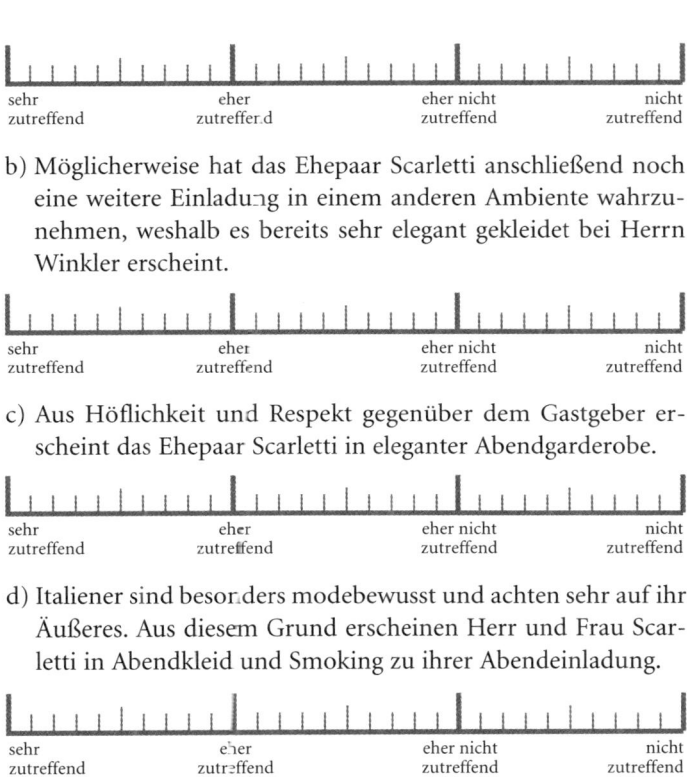

sehr zutreffend			eher zutreffend			eher nicht zutreffend			nicht zutreffend

b) Möglicherweise hat das Ehepaar Scarletti anschließend noch eine weitere Einladung in einem anderen Ambiente wahrzunehmen, weshalb es bereits sehr elegant gekleidet bei Herrn Winkler erscheint.

sehr zutreffend			eher zutreffend			eher nicht zutreffend			nicht zutreffend

c) Aus Höflichkeit und Respekt gegenüber dem Gastgeber erscheint das Ehepaar Scarletti in eleganter Abendgarderobe.

sehr zutreffend			eher zutreffend			eher nicht zutreffend			nicht zutreffend

d) Italiener sind besonders modebewusst und achten sehr auf ihr Äußeres. Aus diesem Grund erscheinen Herr und Frau Scarletti in Abendkleid und Smoking zu ihrer Abendeinladung.

sehr zutreffend			eher zutreffend			eher nicht zutreffend			nicht zutreffend

– Versuchen Sie, Ihre Einstufung jeder Antwortalternative zu begründen. Halten Sie die Begründung in schriftlicher Form stichpunktartig fest.
– Lesen Sie nun die Erläuterungen zu jeder Antwortalternative und vergleichen Sie diese mit Ihren eigenen Begründungen.

▓ Bedeutungen

Erläuterung zu a):
Dieser Aspekt ist nicht von der Hand zu weisen. Ein Missverständnis bezüglich der Formalität und der Anzahl der zum Abendessen geladenen Gäste ist als Erklärungsmöglichkeit für das elegante Auftreten des Ehepaars Scarletti zu berücksichtigen. Je formeller eine Einladung ausgelegt ist, desto mehr wird von

143

den Gästen erwartet, sich dem Ambiente auch kleidungstechnisch anzupassen. In Deutschland findet sich diese Erwartungshaltung ebenfalls, wobei sie sich nicht so ausgeprägt gestaltet, wie dies in Italien der Fall ist. Von Männern wird zwar auch in einem deutschen Umfeld erwartet, in Anzug und Krawatte zu erscheinen. Jedoch ist es eher als Seltenheit anzusehen, dass sich eine Dame im Abendkleid zu einer Einladung begibt. Im Rahmen eines formellen Anlasses ist dies in Italien nicht ungewöhnlich. In vorliegender Situation ist aber davon auszugehen, dass Herrn Winklers Einladung nur dem Ehepaar Scarletti gegolten hat, da diese sich nicht überrascht zeigten, die einzigen Gäste zu sein. Der Hauptgrund für das Verhalten des Ehepaars Scarletti liegt anderswo.

Erläuterung zu b):
Es besteht durchaus die Möglichkeit, dass das Ehepaar Scarletti anschließend noch eine andere Einladung wahrzunehmen hat, die in einem formelleren Rahmen stattfinden wird. Die elegante Kleidung der italienischen Gäste könnte sich darauf zurückführen lassen. Im vorliegenden Beispiel lassen sich jedoch keine Hinweise finden, welche diese Annahme stützen könnten. Im Gegenteil würde es sowohl auf italienischer als auch auf deutscher Seite als unhöflich empfunden werden, eine Essenseinladung frühzeitig zu beenden, um noch an einer weiteren Veranstaltung teilzunehmen. Das elegante Auftreten des Ehepaars Scarletti ist daher eher einem anderen Grund zuzuschreiben.

Erläuterung zu c):
Respekt und Wertschätzung lässt sich in Italien auf vielerlei Art und Weise ausdrücken. Die Palette reicht von übertriebener Höflichkeit und Freundlichkeit über Übertitulierungen bis hin zu angemessener Kleidung im Rahmen von Abendeinladungen. Anstand und Höflichkeit gebieten es dem Ehepaar Scarletti in dieser Situation, in eleganter Abendgarderobe zum Abendessen bei Herrn Winkler zu erscheinen. Vor allem, da es sich um das erste informelle Treffen der Kollegen außerhalb ihres Arbeitsumfeldes handelt, zeigt sich das Ehepaar Scarletti von seiner besten und respektvollsten Seite. Es weiß noch nicht, wie es das private Umfeld von Herrn Winkler einzuschätzen hat. Würde das Ehepaar

in alltäglicher Kleidung wie einer Jeans oder einem Pullover erscheinen, so würde es den Gastgebern die gebotene Achtung versagen. In einem italienischen Umfeld würden diese sich herabgewürdigt fühlen.

Respekt lässt sich in Italien in der Tat auf diesem Wege ausdrücken. Doch war dieser Aspekt mit hoher Wahrscheinlichkeit nicht allein ausschlaggebend. Es muss noch einen zusätzlichen Grund geben.

Erläuterung zu d):
Nicht nur zu offiziellen, sondern auch zu privaten Einladungen erscheinen Gäste, vor allem die weiblichen, in Italien immer elegant gekleidet. Dies ist besonders dann der Fall, wenn man den Gastgeber noch nicht besonders gut kennt. So scheint auch in eben beschriebener Situation dieses Abendessen das erste private Treffen Herrn Winklers mit seiner Kollegin und ihrem Mann zu sein. Aus diesem Grund versucht das Ehepaar Scarletti in einem möglichst positiven Licht zu erscheinen und durch sein Auftreten eine »bella figura« abzugeben. Nicht nur im Rahmen von Abendeinladungen, sondern in jeglicher Situation legt man in Italien besonderen Wert auf die Vermeidung einer »brutta figura«. Neben hoch geschätzten Werten wie Respekt, Höflichkeit, Anstand und allgemein gutem Benehmen trägt das äußere Erscheinungsbild entscheidend zur Aufrechterhaltung der »bella figura« und des Eindrucks »ben educato« zu sein, bei. Dies führt dazu, dass qualitativ hochwertige und modische Kleidung in jeder Lebenslage getragen wird, sei es zum morgendlichen Einkauf beim Bäcker, in der Arbeit oder eben zu Essenseinladungen. Frauen sind immer perfekt geschminkt und frisiert. Doch nicht nur sie, sondern auch Männer legen großen Wert auf Äußerlichkeiten. Dieses ausgeprägte Identitätsbewusstsein lässt sich in allen Altersgruppierungen und Berufsschichten auf beide Geschlechter gleichermaßen verteilt finden. Wenn sich auch in diesem Fall andere Kulturstandards als handlungswirksam erweisen mögen, ist dieser Erklärungsansatz doch die allgemein gültigste Antwort.

– Beantworten Sie bitte folgende Frage: Wie würden Sie sich in einer ähnlichen Situation verhalten? Halten Sie ihre Gedanken in schriftlicher Form fest.

145

■ Lösungsstrategie

Am besten wäre es für Herrn Winkler in dieser Situation, wenn er sich den Gegebenheiten und italienischen Gewohnheiten anpassen würde. Er sollte davon absehen, seine Überraschung über das elegante Auftreten seiner Gäste verbal oder nonverbal zum Ausdruck zu bringen. Dies würde das italienische Ehepaar nur in eine peinliche Situation versetzen und könnte einen angespannten Verlauf des Abends zur Folge haben. Kulturadäquat sollte er auf ihre Erscheinung mit Höflichkeit und Wertschätzung reagieren. Komplimente zu machen und vor allem die elegante Abendgarderobe der Dame zu loben würde den Erwartungen der Italiener in dieser Situation entsprechen.

Im Vorfeld hätte Herrn Winkler die Option offen gestanden, seinen Gästen anzuzeigen, dass es sich um eine informelle Einladung handle. Zu vermeiden wäre diese Situation dennoch nicht gewesen, da Italiener auch zu ungezwungenen Einladungen nicht in kurzen Hosen erscheinen würden. Sie besitzen ein ausgeprägtes Gefühl für Mode und legen im Hinblick auf »fare bella figura« besonderen Wert auf ihr Äußeres.

In Zukunft sollte sich Herr Winkler in dieser Hinsicht an die italienische Kultur anpassen, das heißt bei einer weiteren Essenseinladung ebenfalls in eleganter Kleidung erscheinen. Dabei ist es egal, ob er sich in der Rolle des Hausherrn oder des Gastes befindet. In der aktuellen Situation lässt sich sein durch sein legeres Auftreten hervorgerufenes, unhöfliches Verhalten seinen Gästen gegenüber möglicherweise noch ausbügeln. Ihm steht die Möglichkeit offen, zu behaupten, er habe es zeitlich aufgrund der Zubereitung des Abendessens noch nicht geschafft, sich umzuziehen. Diese Entschuldigung würde von dem Ehepaar Scarletti vermutlich ohne weiteres akzeptiert werden, da sie dem flexiblen Umgang mit Zeit in der italienischen Kultur entsprechen würde. Herr Winkler würde auf Verständnis stoßen und das Ehepaar Scarletti würde nicht den Eindruck haben, unhöflich behandelt zu werden. Doch für zukünftige Einladungen sollte er sich besser etwas mehr in Schale werfen, auch wenn ihm dies overdressed erscheinen mag.

Vermutlich werden ihm seine Kollegin und ihr Mann das

146

Missgeschick verzeihen. Sie wissen, dass er noch nicht lange in Italien ist und somit noch keine Gelegenheit hatte, sich mit den Gegebenheiten in ihrem Land auseinander zu setzen. Außerdem gelten die Deutschen in Italien als eine der am schlechtesten gekleideten Nationen, weshalb die Gäste nicht allzu überrascht sein dürften, dass Herr Winkler diesem Stereotyp entspricht.

Kulturelle Verankerung von »Identitätsbewusstsein«

Die Ursprünge des italienischen Identitätsbewusstsein, der »bella figura«, gründen sich wie die vieler anderer kultureller Orientierungen auf die wechselhafte politische Geschichte des Landes. Die Italiener definieren sich bis zum heutigen Tag weniger als politische, sondern vielmehr als kulturelle Einheit. Das Gedankengut und die handlungswirksame Orientierung der »bella figura« entwickelten sich aus einer Wiederbelebung des elitär geprägten Erbes der Antike zu Zeiten der Renaissance. Mit Hilfe eines ausgeprägten Identitätsbewusstseins widerstand das italienische Volk der Jahrhunderte andauernden Unterdrückung und Erniedrigung durch wechselnde Fremdherrschaften. Ihr kulturelles Selbstverständnis verlieh ihnen Selbstbewusstsein. Weiter stärkte die »bella figura« im Zuge ihrer Funktion der Selbstdarstellung die Position der Familie in gesellschaftlichen Beziehungsgeflechten.

Die tristen und leeren Augenblicke, die das Leben mit sich bringt, versuchen sie mit Dekor angenehm und ansprechend zu machen. »Das Hässliche ist zu vertuschen, unerfreuliche und tragische Tatsachen haben, soweit wie möglich, unter den Tisch zu fallen« (Barzini, 1964, S. 95).

Der Kulturstandard des Identitätsbewusstseins, der »bella figura«, ist einzigartig und eine Besonderheit der italienischen Kultur. Er lässt sich in dieser Form in kaum einem weiteren Kulturkreis finden. Er verkörpert das kulturelle Selbstverständnis der Italiener, das neben Selbstdarstellung und gegenseitiger Wertschätzung, gutem Benehmen und Etikette auch Faktoren wie Es-

147

sen und modisches Bewusstsein umfasst. Neben der Selbstdarstellung wird auf der anderen Seite jedoch auch alle Anstrengung darauf verwendet, den anderen nicht bloßzustellen und ihn Gefahr laufen zu lassen, seine »bella figura« zu verlieren. Direkte Kommunikation und offene Kritik werden vermieden. Der Italiener ist immer bemüht, eine positive und freundschaftliche Atmosphäre herzustellen und maßt es sich nicht an, andere durch kritische Äußerungen in ihrer Freiheit und ihren Entfaltungsmöglichkeiten einzuschränken. In diesem Sinne steht die »bella figura« in engem Zusammenhang zur Beziehungsorientierung der Italiener. Beziehungen zu Mitmenschen lassen sich nur unter der Voraussetzung einer positiven Grundstimmung knüpfen. Diese wird durch die Forderungen der »bella figura« nach Anstand, Respekt, Höflichkeit und gutem Benimm erreicht. Falls es unvermeidlich sein sollte, Kritik zu üben, so ist es angebracht, dies in persönlichem und sehr intimem Kontakt zu tun. Dieser schützt das Gegenüber vor einem Verlust der »bella figura« und verhindert auch die Zurschaustellung einer durch unhöfliches und respektloses Verhalten hervorgerufenen eigenen »brutta figura«. Selbst fachliche Kritik wird von Italiener als Angriff auf ihre Persönlichkeit gesehen, da sie weniger zwischen professionellen und privaten Belangen trennen.

Vergleichen lässt sich die Wichtigkeit, die der Wahrung der »bella figura« allgemein beigemessen wird, mit der Gesichtswahrung im asiatischen Kulturkreis. Abweichungen von dieser kulturellen Eigenheit lassen sich aber in einigen Punkten wie zum Beispiel der italienischen Betonung des äußeren Erscheinungsbildes finden. An diesem lässt sich schon bei oberflächlicher Betrachtungsweise erkennen, ob es sich bei einer Person um eine »bella« oder eine »brutta figura« handelt, ob sie »ben educato« ist oder nicht. Italiener legen sehr viel Wert auf ihr Aussehen. Sie kleiden sich modisch, verzichten niemals auf Schmuck, perfektes Makeup und die neueste Frisur. Die äußere Erscheinung muss ein perfektes und ästhetisches Bild abgeben. Die Betonung des Aussehens lässt sich unabhängig von Alter und Geschlecht finden. Wenn überhaupt, dann lässt sich der Wert, der auf ein harmonisches und in sich abgestimmtes Äußeres gelegt wird, in Deutschland eher auf den weiblichen und jüngeren Teil der Bevölkerung übertragen. In Italien hingegen nehmen sowohl Männer als auch Frauen, alte und junge Menschen dieses Thema sehr wichtig. Beispielhaft lässt sich dies bereits bei einem Gang durch einen italienischen Drogeriemarkt erkennen. Es lassen sich mindestens genau so viele, wenn nicht mehr, kosmetische Produkte für Männer finden wie für Frauen. Geschäftspartner unterhalten sich im Zuge eines Besprechungstermins über die neuesten und qualitativ hochwertigsten Stoffe der Saison und den besten Herrenschneider der Stadt. Bei den Kollegen rufen diese Gesprächsthemen jedoch keine abwertenden Blicke hervor, wie dies vermutlich in Deutschland geschehen würde, wenn man sich über solche »Frauenthemen« in einem Kreis von Männern austauschen sollte. Im Gegenteil wecken diese Themen großes Interesse und sofort wird im Kollegenkreis eifrig mit diskutiert. Neid oder Missgunst lassen sich hier kaum finden. Kauft sich ein Kollege eine Armbanduhr für 5 000 Euro, so wird er nicht als »Angeber« und »Neureicher« abgestempelt, sondern stößt auf Verständnis und Bewunderung.

Auch alte Menschen machen bei der Wichtigkeit, die auf ein ästhetisches Aussehen gelegt wird, keine Ausnahme. So geht die Großmutter nicht ohne ihren Pelzmantel in die Stadt und die Hausfrau von nebenan kleidet sich zum Einkaufen in ein elegantes Kostüm.

»Fare bella figura« ist ebenfalls unabhängig von sozialen Schichten und gesellschaftlichen Positionen. Ein deutscher Zeitungsverkäufer würde sich beispielsweise niemals in einem Nadelstreifenanzug in seinen Kiosk stellen, wohingegen das in Italien völlig normal wäre. Das Jackett ist dann zwar nicht von einem teueren Schneider handgefertigt, sondern in einer billigen Boutique von der Stange erstanden worden. Dennoch zeugt es von Stil und Modebewusstsein.

Kinder haben ebenfalls den ästhetischen Anforderungen zu entsprechen. Als ganzer Stolz der Familie werden sie wie kleine Modepuppen herausgeputzt. Sie repräsentieren ja schließlich die »bella figura« der ganzen Familie. Unmöglich erscheint es den Italienern, dass deutsche Eltern ihre Kinder die Kleidung von älteren Geschwistern oder Verwandten auftragen lassen. Eine deutsche Mutter berichtet von der Reaktion ihrer italienischen Freundinnen, als sie ihr Kind in einem alten Kittel, den sie noch zu Hause in einer Kiste gefunden hat, in den Kindergarten schicken wollte. Die Freundinnen waren entsetzt und haben ihr sofort angeboten, eigens für sie einen neuen und hochwertigen Kittel zu nähen. Die Großmutter einer Freundin hätte sogar noch den Namen des Kindes eingestickt.

Neben dem äußeren Erscheinungsbild umfasst die »bella figura« zahlreiche Verhaltensweisen. Anstand, Respekt, Höflichkeit und Wertschätzung gegenüber Mitmenschen werden großgeschrieben. Man macht sich gegenseitig Komplimente und verhält sich gegenüber allen respektvoll. Viele Deutsche berichten, dass Italiener ihnen gegenüber Italien sehr schlecht machen würden. Es funktioniere nichts und alles sei chaotisch. Im Gegensatz dazu bewundern sie die deutsche Organisation und heben Deutschland auf einen Sockel. Den Deutschen war dieser Vergleich unangenehm. Im Rahmen der »bella figura« erscheint er jedoch durchaus als angebracht. Andere Kulturen werden gelobt, um ihnen Respekt und Wertschätzung entgegenzubringen.

Als uneigennützig lässt sich dieses Verhalten dennoch nicht bezeichnen. Im Rahmen von höflichen Lügen und Schmeicheleien weist es durchaus utilitaristische Charakterzüge auf. Es eignet sich hervorragend zum Aufbau reibungsloser zwischenmenschlicher Beziehungen. Schmeichelnde Bemerkungen geben jedem Menschen das Empfinden, größer und selbstbewusster zu sein als er ist. In der Folge wird er nachsichtiger und großzügiger gegen denjenigen auftreten, der ihn mit Komplimenten erhöht hat. In diese Tradition lässt sich auch die im Rahmen des Kulturstandards der »Hierarchieorientierung« in Kapitel 4 angesprochene Fehltitulierung von Personen einreihen. Es soll ausgedrückt werden, dass man der Meinung sei, eine Person verdiene aufgrund ihrer Verdienste und herausragenden Persönlichkeit diesen Titel. Aus unerklärlichen Gründen sei ihr dieser offiziell noch nicht verliehen worden, obwohl er bereits so sichtbar verdient wäre (Barzini, 1964).

Viele Deutsche berichten, dass ihnen von italienischen Unternehmen oftmals schwer einzuhaltenden Zusicherungen, beispielsweise bezüglich Liefertterminen, gemacht wurden. Kurz bevor die Ware dann vor Ort sein sollte, wurde von italienischer

150

Seite zugestanden, dass der zeitliche Rahmen nun leider doch nicht eingehalten werden könne. Nach Barzini handelt es sich bei dieser Art von Versprechungen neben den Auswirkungen eines flexibleren Zeitverständnisses ebenfalls um Schmeicheleien. Die italienische Firma ist durch ihr Verhalten lediglich bestrebt, die »bella figura« auf beiden Seiten zu wahren. Im Bezug auf sich selbst wollen sie nicht eingestehen, dass die Liefertermine nicht einzuhalten sind und nach hinten verschoben werden müssen. Die »bella figura« des deutschen Unternehmens soll dadurch gewahrt werden, dass man ihnen zumindest das Gefühl gibt, dass bis zum geforderten Termin alles nötige Material vorhanden sei. Man ist durch diese Schmeicheleien durchsichtiger Natur ständig bestrebt, seinem »Mitmenschen das Gefühl zu schenken, ein einmaliger Mensch, eine [. . .] Persönlichkeit mit dem Recht auf besondere Beachtung zu sein« (Barzini, 1964, S. 99). Italiener durchschauen derartig höfliche Lügen sofort. Als Deutscher tappt man jedoch oft in diese Falle, da man die Versprechungen der italienischen Firma für bare Münze nimmt.

Anhand einer kleinen Geschichte aus dem Neapolitaner Raum lässt sich die Fähigkeit der Italiener, vor allem der des Südens, erkennen, jedermann das Gefühl geben zu können, er sei privilegiert und habe eine herausragende »bella figura«:

»Ein Mailänder möchte in Neapel eine Briefmarke kaufen. Den Brief in den Händen haltend, begibt er sich hinaus auf die Straße und hält Ausschau nach einem Tabakladen, wo man Briefmarken kaufen kann. Er trifft einen neapolitanischen Bekannten. Dieser begreift die Situation sofort. ›Sie brauchen eine Briefmarke?‹, fragt er: ›Wissen Sie, wo Sie sie bekommen? Irgendwo? Aber, aber, machen Sie keine Dummheit. Danken Sie Ihrem Glück, mich getroffen zu haben! Man muss heutzutage ja so vorsichtig sein. Ich kenne ein Geschäft, das beste in der Stadt – aber was sage ich – das beste Geschäft in ganz Süditalien. Es gehört einem Tabakhändler der ganz alten Art, ehrlich, zuverlässig, keiner von jenen geldgierigen modernen Tabakhändlern. Kommen Sie mit.‹ Er bringt den Mailänder zu dem besagten Geschäft, zwinkert dem hinter dem Ladentisch stehenden Mann sichtbar zu und verkündet: ›Guiseppe, hier bringe ich dir einen Freund aus Mailand, der mit allergrößter Zuvorkommenheit bedient werden muss. Er hat ein Problem. Er braucht nämlich eine Dreißig-Lire-Marke für einen ungeheuer wichtigen Brief, der sofort zur Post muss. Ich habe ihm gesagt, du würdest ihn in jeder Weise zufrieden stellen können. Hast du noch ein paar deiner vorzüglichen Dreißig-Li-re-Marken, jene ganz besonders guten, die du mir vergangene Woche verkauftest? Sei so gut und gib ihm eine, aber eine von der besten Sorte!‹« (Barzini, 1964, S. 100).

In ähnlicher Weise bieten Geschäftsleute ihren Kunden besonders herausragende Geschäfte an, die nur ihnen speziell offeriert werden würden. Bei genauerer Betrachtung sind diese dennoch genau so einfach zu haben, wie eine Briefmarke für 30 Lire. Auf der einen Seite könnte man dieses Verhalten als »furbo« (hinterlistig) und nur auf den eigenen Vorteil ausgelegt bezeichnen. In vielen Fällen mag diese Betrachtungsweise auch zutreffend sein. Sie steht dann in Verbindung mit der »Beziehungsorientierung«. Mit Hilfe des Aufbaus klientelärer Netzwerke versuchen Italiener, ihr Misstrauen, das aus derartigem Verhalten resultiert, abzubauen. Auf der anderen Seite trägt dieses Gebaren in einer Vielzahl von Situationen jedoch tatsächlich nur dazu bei, den Mitmenschen das angenehme Gefühl zu geben, dass sie eine hervorragende und einzigartige Persönlichkeit seien, die aufgrund ihrer »bella figura« besondere Umgangsformen verdienten. Auf Basis dieses zwischenmenschlichen Umgangs erfährt das Knüpfen von Beziehungen natürlich auch eine extreme Erleichterung.

Wider den zuvor entstandenen Eindruck halten Italiener große Stücke auf ihr Land. Sie sind sich ihrer kulturellen Größe und Einmaligkeit durchaus bewusst. Ihr kulturelles Selbstverständnis erstreckt sich über ein breites Spektrum, von der Kulturgeschichte der Antike bis zu ihrem heutigen »dolce vita«, dem Essen, Wein und den Vergnügungen. Sie definieren sich selbst als die besten Köche und Winzer der Welt. Bei einem Restaurantbesuch wird nicht erst in der Speisekarte gelesen, sondern lieber gleich der Oberkellner herbeigerufen, der ausführlich über das Menüangebot, die Herkunft der einzelnen Zutaten und deren Zubereitung befragt wird.

Die »bella figura« lässt sich auch im Umgang der Geschlechter miteinander finden. Die traditionellen Eigenschaften eines Kavaliers werden den Jungen schon von klein auf beigebracht. Diese Tatsache gründet sich jedoch nicht nur auf den Kulturstandard der »bella figura«, sondern lässt sich unter anderem durch die immer noch traditionellen Rollenvorstellungen erklären.

152

Die positiven Konsequenzen dieses Kulturstandards sind, dass in Italien ein höflicher, wertschätzender und netter Umgangston vorherrscht. Bei Diskussionen werden andere nicht direkt angegriffen. Kritische Anmerkungen werden in abgeschwächter Form vermittelt. Die Schmeicheleien der Italiener tragen dazu bei, dass man sich in ihrer Nähe wohlfühlt, was zu einer angenehmen Arbeitsatmosphäre beiträgt.

Hinderlich auf die Zusammenarbeit mit Deutschen wirkt sich die aus dem konfliktvermeidenden Verhalten resultierende indirekte Kommunikationsart der Italiener aus. Deutsche sind es aufgrund ihrer eigenkulturellen Prägung weniger gewohnt, auf den Kontext zu achten, was zu zahlreichen Missverständnissen führt.

Themenbereich 6: Emotionalität

Beispiel 20: Keine Konsequenzen

Situation

Frau Hinter ist seit fünf Jahren Personalchefin eines internationalen Unternehmens und ist für drei Länder verantwortlich. Zu Beginn ihres Italienaufenthaltes kündigt ihr Unternehmen einer Mitarbeiterin. Aus arbeitsrechtlichen Gründen muss sie jedoch schon nach kurzer Zeit wieder eingestellt werden. Frau Hinter trifft in einer Verhandlung mit der Gewerkschaft eine ihrer Meinung nach sachlich korrekte Entscheidung im Bezug auf die Wiedereinstellung der betreffenden Mitarbeiterin. Als der Verkaufschef, Herr Bernulli, von der Wiedereinstellung erfährt, ist er sehr wütend und greift Frau Hinter auf persönlicher Ebene und sehr lautstark an, weil sie ihn über diese Entscheidung nicht informiert habe. Frau Hinter hat mit dieser Reaktion überhaupt nicht gerechnet und fühlt sich sehr getroffen. Sie denkt, dass sie ihr Verhältnis zu dem Verkaufschef schon zu Beginn ihrer Tätigkeit in Italien zerstört habe. Doch schon am nächsten Tag verhält er sich ihr gegenüber, als ob nichts gewesen sei. Frau Hinter kann dieses Verhalten nicht verstehen. Sie hätte erwartet, dass der Verkaufschef zumindest für eine bestimmte Zeit beleidigt wäre.
Wie lässt sich das Verhalten von Herrn Bernulli erklären?

– Lesen Sie nun die Antwortalternativen nacheinander durch.
– Bestimmen Sie den Erklärungswert jeder Antwortalternative für die gegebene Situation und kreuzen Sie ihn auf der darunter liegenden Skala entsprechend an. Es ist möglich, dass mehrere Antwortalternativen den gleichen Erklärungswert besitzen.

▧ Deutungen

a) Italiener sind im Allgemeinen sehr emotionale und impulsive Menschen. Ist alles gesagt, besteht jedoch kein Grund mehr, nachtragend zu sein.

sehr zutreffend	eher zutreffend	eher nicht zutreffend	nicht zutreffend

b) Ein positives Arbeitsklima wird in Italien großgeschrieben. Herr Bernulli will durch den Streit mit Frau Hinter keine Gefährdung des Arbeitsklimas in der Abteilung riskieren und zeigt sich deshalb versöhnlich.

sehr zutreffend	eher zutreffend	eher nicht zutreffend	nicht zutreffend

c) Herr Bernulli hat eingesehen, dass er von einer Fehleinschätzung der Lage ausgegangen ist und seinen Kompetenzbereich übertreten hat, will dies nicht eingestehen und tut so, als ob der Streit nicht stattgefunden hätte.

sehr zutreffend	eher zutreffend	eher nicht zutreffend	nicht zutreffend

d) Herr Bernulli weiß, dass er eigentlich im Recht gewesen wäre, da es die Pflicht einer Personalchefin ist, sich in derartigen Angelegenheiten mit ihm abzustimmen. Da er ihr jedoch den Einstand im Unternehmen nicht erschweren will, vergisst er diesen Streit.

sehr zutreffend	eher zutreffend	eher nicht zutreffend	nicht zutreffend

- Versuchen Sie, Ihre Einstufung jeder Antwortalternative zu begründen. Halten Sie die Begründung in schriftlicher Form stichpunktartig fest.
- Lesen Sie nun die Erläuterungen zu jeder Antwortalternative und vergleichen Sie diese mit Ihren eigenen Begründungen.

156

▓ Bedeutungen

Erläuterung zu a):
Diskussion und Polemik sind im gesellschaftlichen und politischen Leben Italiens an der Tagesordnung und werden weder als dramatisch noch als ernst empfunden. Im Allgemeinen sind Italiener sehr impulsive, spontane und emotionale Menschen. Sie stellen sich gern selbst dar und ziehen dafür alle Register der verbalen Dramatik und Theatralik, was sich auf eine ausgeprägte rhetorische Tradition in der italienischen Geschichte zurückführen lässt. So können schon normale Gespräche von einem Deutschen als Auseinandersetzung fehlgedeutet werden, da sie sich sehr lautstark und gestenreich gestalten. Kommt es allerdings zu einem Streit, so zeigen Italiener einen energiegeladenen Einsatz, der von großen Gesten unterstrichen wird. Dabei machen sie all ihrem Ärger Luft. Ist dies geschehen, so sehen sie keine Veranlassung mehr, beleidigt zu sein. Sie haben alles gesagt, was nötig war und somit ist dieses Thema für sie beendet. Diese Antwortalternative umschreibt das gezeigte italienische Verhalten am treffendsten.

Erläuterung zu b):
Italiener messen dem allgemeinen Wohlbefinden eine große Bedeutung zu. Sie versuchen in jeder Situation, sei sie beruflich oder privat, ein gutes Klima und eine positive Atmosphäre herzustellen. Nur wer durch eine freundschaftliche Arbeitsatmosphäre die »bella figura« seiner Kollegen wahrt, ist in der Lage, Beziehungen aufzubauen. In einer durch Streitereien und nachtragendes Verhalten geprägten Umgebung ist es nicht möglich, Netzwerke, die zur eigenen Absicherung dienen, zu etablieren. Auch im vorliegenden Beispiel hat es für Herrn Bernulli keinen Sinn, das Arbeitsklima im gesamten Team durch seinen Streit mit Frau Hinter zu gefährden. Selbst wenn er persönlich noch verärgert über diese Auseinandersetzung sein mag, stellt er diese Tatsache hinten an. Italiener sind zwar Individualisten, doch unterdrücken sie ihre eigenen Gefühle, wenn es darum geht, ein positives Klima, sowohl im privaten als auch im beruflichen zu wahren. Auch will man durch die eigene schlechte Laune die Stimmung der Mitmenschen nicht belasten, da das ein anmaßender Eingriff in ihre

157

privaten Rechte wäre. Dieser Aspekt ist in vorliegender Situation durchaus richtig. Er erklärt einen Großteil der vorgestellten Situation, wird jedoch noch von einer weiteren Antwortalternative in seinem Erklärungswert unterstützt.

Erläuterung zu c):
In dieser Erklärung lässt sich ein wahrer Kern finden. Herr Bernulli könnte tatsächlich erkannt haben, dass er im Unrecht war und so tun, als ob der Streit nicht statt gefunden hätte. Er will sich durch eine Fehleinschätzung der Lage keine Blöße geben. Da es sich jedoch bei dieser Begebenheit nicht um ein einmaliges Vorkommnis handelt, sondern vergleichbare Situationen von vielen Deutschen mit Verwunderung berichtet werden, liegt die Vermutung nahe, dass ein anderer kulturhistorischer Aspekt die Situation mehr beeinflusst.

Erläuterung zu d):
In Italien ist es wie auch in Deutschland üblich, dass Personalfragen mit der Verkaufsleitung eines Unternehmens abgesprochen werden müssen. Aus diesem Grund hat Herr Bernulli allen Grund, wütend auf Frau Hinter zu sein, ihn nicht über die Wiedereinstellung der entlassenen Mitarbeiterin informiert zu haben. Am nächsten Tag ist ihm seine emotionale Reaktion möglicherweise dennoch unangenehm, weil er Frau Hinter nicht schon zu Beginn ihrer Tätigkeit im italienischen Unternehmen Knüppel zwischen die Beine werfen will. Dieser Erklärungsansatz ist demnach durchaus denkbar. Eine andere Antwortalternative ist dennoch bezüglich ihres kulturellen Erklärungsgehalts als zutreffender anzusehen.

– Beantworten Sie bitte folgende Frage: Wie würden Sie sich in einer ähnlichen Situation verhalten? Halten Sie ihre Gedanken in schriftlicher Form fest.

▨ Lösungsstrategie

Vergleichbare Situationen werden von vielen Deutschen aus ihrer alltäglichen Arbeitspraxis in italienischen Unternehmen berichtet. Emotionale Ausbrüche seitens italienischer Kollegen oder Vorge-

158

setzter sind keine Seltenheit. Einer Sache kann man sich dabei jedoch immer sicher sein. Italiener vergessen Streitigkeiten und alle noch so beleidigenden persönlichen Angriffe genauso schnell wieder, wie sie entstanden sind. Wenn sie ihrem Ärger Luft gemacht haben, ist die Unstimmigkeit für sie abgeschlossen und bedarf keiner weiteren Worte mehr. Deutsche fühlen sich in diesen Konfliktsituationen oft überfordert und wie vor den Kopf gestoßen. Der nette Kollege lässt unvorbereitet einen ganzen Schwall an Beschimpfungen los. Findet man sich in einer vergleichbaren Situation wieder, so ist es durchaus möglich, auch dem italienischen Gegenüber unverblümt die eigene Meinung zu sagen. Italiener sind, wie bereits an verschiedener Stelle angesprochen, Meister der zwischenmenschlichen Kommunikation. Irritierend wäre es für sie an dieser Stelle, wenn der Gesprächs- bzw. Streitpartner schweigt und nicht ebenfalls seinen Gefühlen freien Lauf lässt.

Ist das Gewitter vorübergezogen, sollte man sich als Deutscher der Tatsache bewusst sein, dass die unliebsame Situation für den Italiener bereits vergessen ist. Man spielt nicht lange den Beleidigten oder geht auf Abstand. Will man hier der italienischen Beziehungsorientierung und ihrem trotz aller Emotionalität vorhandenen Harmoniestreben entsprechen, sollte man versuchen, nicht nachtragend zu sein. In manchen Fällen mag dies schwierig sein, weshalb keine pauschale Aussage bezüglich eines anzuratenden Verhaltens gemacht werden soll. Fühlt man sich zu sehr angegriffen oder möchte man eigene Worte, die im Eifer des Gefechts gefallen sind, ungeschehen machen, so ist es durchaus möglich, das italienische Gegenüber erneut mit der Konfliktsituation zu konfrontieren und gegebenenfalls um ein klärendes Gespräch zu bitten.

■ Beispiel 21: Fehlender Rückruf

■ Situation

Frau Ernst lebt seit viereinhalb Jahren in Italien und arbeitet als Leiterin der Kulturabteilung in einem deutschen Kulturinstitut. Sie will ein italienisches kulturelles Institut für eine gemeinsame

Veranstaltung gewinnen. Frau Ernst lässt sich einen Termin geben, um dem italienischen Kollegen des anderen Instituts, Herrn Tulli, ihre Idee vorzustellen und eine Zusammenarbeit vorzuschlagen. Er ist ganz begeistert von dieser Idee und freut sich sehr auf das gemeinsame Projekt. Frau Ernst ist glücklich darüber, dass die geplante Veranstaltung verwirklicht werden kann. Als sie in den nächsten zwei Monaten jedoch nichts mehr von Herrn Tulli hört, fragt sie bei dessen Sekretärin immer wieder nach einem Termin. Diese sagt, ihr Vorgesetzter habe gerade keine Zeit und er würde Frau Ernst zurückrufen. Ein Rückruf seinerseits erfolgt jedoch nicht. Frau Ernst versucht noch zwei weitere Male, ihn zu erreichen, wird jedoch jedes Mal von der Sekretärin vertröstet. In der Folge kommt es zu keinem weiteren Kontakt mehr und auch die Zusammenarbeit, von der Herr Tulli zunächst so begeistert war, kommt nicht zustande. Frau Ernst ist sehr verärgert und kann dieses Verhalten nicht verstehen.

Wie lässt sich das Verhalten von Herrn Tulli erklären?

– Lesen Sie nun die Antwortalternativen nacheinander durch.
– Bestimmen Sie den Erklärungswert jeder Antwortalternative für die gegebene Situation und kreuzen Sie ihn auf der darunter liegenden Skala entsprechend an. Es ist möglich, dass mehrere Antwortalternativen den gleichen Erklärungswert besitzen.

■ Deutungen

a) In Italien wird viel geplant und geredet, spontane und emotionsgeladene Entscheidungen werden getroffen, jedoch wird nur ein Teil davon tatsächlich umgesetzt.

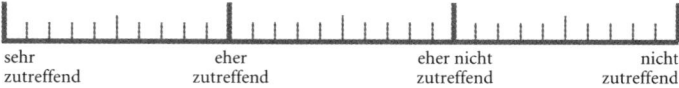

sehr zutreffend	eher zutreffend	eher nicht zutreffend	nicht zutreffend

b) Der italienische Kollege will durch dieses Verhalten Frau Ernst indirekt und höflich zu verstehen geben, dass er an einer Zusammenarbeit nicht mehr interessiert ist. Der fehlende Rückruf kann als Absage gewertet werden.

160

| sehr zutreffend | eher zutreffend | eher nicht zutreffend | nicht zutreffend |

c) Das Interesse war von Seiten Herrn Tullis eher vage gemeint und wurde von Frau Ernst zu ernst genommen.

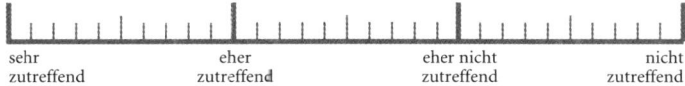

| sehr zutreffend | eher zutreffend | eher nicht zutreffend | nicht zutreffend |

d) An diesem Verhalten zeigt sich die allgemein bekannte italienische Unzuverlässigkeit.

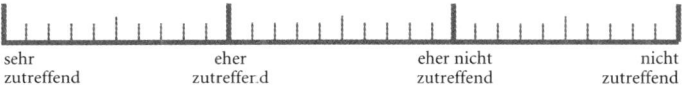

| sehr zutreffend | eher zutreffend | eher nicht zutreffend | nicht zutreffend |

- Versuchen Sie, Ihre Einstufung jeder Antwortalternative zu begründen. Halten Sie die Begründung in schriftlicher Form stichpunktartig fest.
- Lesen Sie nun die Erläuterungen zu jeder Antwortalternative und vergleichen Sie diese mit Ihren eigenen Begründungen.

▨ Bedeutungen

Erläuterung zu a):

Italiener sind bekannt für ihre Spontanität und Emotionalität. Sie sind sofort Feuer und Flamme, wenn ein neues Projekt ansteht, dass sie interessiert und beginnen voller Elan mit ihren Planungen. Sie sind sehr begeisterungsfähig, zeigen Risikobereitschaft und lassen sich leicht von der Initiative anderer mitreißen. Entscheidungen werden schnell getroffen und Zusagen gemacht. Doch nach dieser anfänglichen Begeisterung zeigt sich oftmals, dass die Pläne nicht leicht umzusetzen sind oder andere Projekte Priorität besitzen. In der anfänglichen Begeisterung wurden diese vielleicht schlicht übersehen. Oder in der Zwischenzeit sind andere Konzepte aufgetaucht, die für Herrn Tulli die versprochene Zusammenarbeit mit Frau Ernst in Vergessenheit geraten ließen und von ihm neue Begeisterung und erneuten Tatendrang erforderten. »Tra il dire e il fare, in mezzo è il mare« (Zwischen dem,

161

was gesprochen und dem, was gemacht wird, liegt in der Mitte das Meer). Herr Tulli hat also keine böse Absicht gehegt, als er zunächst so begeistert auf den Vorschlag von Frau Ernst eingegangen ist, sondern hat vermutlich einfach spontan auf ihr Anliegen reagiert. Eine Zusammenarbeit hat ihn fasziniert und in ihm gleich tausend Ideen und kreative Vorschläge wach gerufen. In der Folge ist ihm jedoch aufgrund einer Vielzahl anderer Projekte die Puste ausgegangen und die spontane Begeisterung ist in Vergessenheit geraten.

Erläuterung zu b):
In der Tat gestaltet sich die Kommunikation in Italien um einiges indirekter, als Deutsche das aus ihrem eigenen kulturellen Umfeld gewohnt sind. Viele Dinge werden »durch die Blume« mitgeteilt, um das Gegenüber nicht bloßzustellen. Eine positive Atmosphäre soll gewahrt bleiben. So ist es durchaus möglich, dass Herr Tulli, nachdem er sich die Vor- und Nachteile einer Zusammenarbeit überlegt hat, an dieser nicht mehr interessiert war. Ihm ist eventuell bewusst geworden, dass seiner Begeisterung finanzielle und zeitliche Barrieren im Wege stehen. Es ist ihm unangenehm, Frau Ernst dies mitzuteilen. Probleme einzugestehen, seien sie finanzieller oder anderer Natur, fällt einem Italiener sehr schwer, da er dadurch seinen eigene »bella figura« gefährdet sieht. Herr Tulli befürchtet auch, dass er durch die Überbringung einer negativen Nachricht Frau Ernst belasten und eine positive Atmosphäre zwischen ihnen gefährden könnte. Er lässt lieber Gras über die Sache wachsen und versucht ein klärendes Gespräch zu umgehen. Aus diesen Gründen teilt er seine Absage auf diese Weise indirekt mit. In vorliegender Situation ist es allerdings so, dass eine derart ausgeprägte Form indirekter Kommunikation auch in Italien nur selten zu finden ist. Somit scheint der erläuterte Aspekt in vorliegender Situation weniger schwer zu wiegen.

Erläuterung zu c):
In dieser Erklärung steckt ein wahrer Kern. Herr Tulli mag sehr erfreut und positiv auf das Angebot von Frau Ernst reagiert haben, obwohl sein Interesse nur vage vorhanden war. Aus Anstand und Höflichkeit gegenüber Frau Ernst gibt er ihr das Gefühl, dass

162

er von ihrem Projekt überzeugt sei und sich sehr auf eine Zusammenarbeit freue. Aufgrund seiner emotionalen Art und spontanen Begeisterung wurde sein Interesse von Frau Ernst für bare Münze genommen. Deutsche lassen sich von der Begeisterungsfähigkeit der Italiener schnell mitreißen. Sie interpretieren oft zu viel in Situationen hinein, ohne zu berücksichtigen, dass Italiener generell emotionaler und impulsiver reagieren und handeln. Dieser Erklärungsansatz ist durchaus richtig. Doch kommt dieser Aspekt in unserem Fall nur erschwerend hinzu. Für das Verhalten des Italieners gibt es noch einen anderen Grund.

Erläuterung zu d):
Sowohl in Italien als auch in Deutschland mag derartiges Verhalten auf Unzuverlässigkeit und ungenügende Arbeitsmotivation zurückzuführen sein. Es entspricht jedoch einem typisch deutschen Vorurteil, das Verhalten von Herrn Tulli auf generalisierte Persönlichkeitseigenschaften zurückzuführen. In Italien lassen sich nicht mehr unmotivierte oder mit einer geringen Arbeitsmoral ausgestattete Personen finden, als dies in Deutschland der Fall ist. Aus diesem Grund ist es an dieser Stelle wichtig, diese Erklärungsalternative als typisch deutsche kulturinadäquate Attribution zu erkennen. Die kulturadäquate Herangehensweise wird in einem anderen Ansatz erkennbar.

– Beantworten Sie bitte folgende Frage: Wie würden Sie sich in einer ähnlichen Situation verhalten? Halten Sie ihre Gedanken in schriftlicher Form fest.

■ **Lösungsstrategie**

In dieser Situation richtet sich das kulturadäquate Verhalten von Frau Ernst nach den Absichten, die sie verfolgt. Ist ihr eine Zusammenarbeit nicht wirklich wichtig, so sollte sie die Angelegenheit einfach auf sich beruhen und Gras über die Sache wachsen lassen. Zukünftiger Kooperation wäre es nicht zuträglich, wenn Frau Ernst ihre Verärgerung gegenüber Herrn Tulli zu offen ausdrücken und sich bei einem nächsten Treffen nachtragend zeigen würde. Offene Kritik würde seine »bella figura« beschädigen und

Frau Ernst könnte mit keiner anderen Reaktion als dem Rückzug ihres Kollegen rechnen.

Liegt ihr jedoch viel an einer zukünftigen Kooperation und auch dem Zustandekommen dieses Projektes, so sollte sie hartnäckig bleiben und weiterhin versuchen, einen Termin bei Herrn Tulli zu erhalten. Der fehlende Rückruf seinerseits resultiert nicht aus bösem Willen oder Geringschätzung von Frau Ernst, sondern aus der emotionalen Charakterstruktur der Italiener. Begeisterung ist in Italien immer vorhanden. Man schmiedet Pläne und träumt davon, dies und jenes umzusetzen. Italiener sind sofort Feuer und Flamme für ein Projekt, doch schon bald geht ihnen die Puste aus. Viele andere Anforderungen sind auf Herrn Tulli zugekommen und haben den Gedanken an eine Zusammenarbeit mit Frau Ernst verschütt gehen lassen. Deshalb sollte Frau Ernst immer wieder höflich aber zielstrebig versuchen, einen Termin bei ihrem italienischen Kollegen zu erhalten. Erhält sie diesen schließlich, bietet sich ihr die Möglichkeit, erneut mit Herrn Tulli über ihr Projekt zu sprechen und ihm die Brisanz der umzusetzenden Aufgaben darzulegen. Aus dieser Herangehensweise ergeben sich vor dem Hintergrund der italienischen Kultur und dem Orientierungssystem der Italiener zwei Vorteile für Frau Ernst. Zum einen erkennt Herr Tulli durch ihre Hartnäckigkeit, dass ihr wirklich etwas an einer Zusammenarbeit liegt. Aufgrund ihrer lauten, theatralischen, verbaldramatischen und gestenreichen Kommunikation erkennen Italiener die Dringlichkeit eines Anliegens nur, wenn es ihnen entsprechend nachdrücklich und engagiert präsentiert wird. Wo in Deutschland oft eine Anfrage genügt, um die Wichtigkeit eines Projektes anzudeuten, reicht das in Italien nicht aus. Es gilt hier, sich öfters bemerkbar zu machen und die eigene Person und das Projekt nicht in Vergessenheit geraten zu lassen. Es heißt viel Engagement und Geduld aufbringen. Wenn Herr Tulli dadurch merkt, dass es wirklich eine Herzensangelegenheit von Frau Ernst darstellt, dieses Projekt in Zusammenarbeit mit ihm zu verwirklichen, wird er sich geschmeichelt fühlen. Seine »bella figura« erfährt eine Aufwertung, die jedoch leicht durch zu direkte Kritik an seinem säumigen Verhalten zerstört werden kann. Hier heißt es diplomatisch sein. Zum anderen bietet sich Frau Ernst im Zuge eines zweiten Treffens die Gelegenheit, ihr Anliegen nochmals in einem persönlichen Kontakt vorzubringen. Italiener legen sehr viel Wert auf direkten Kontakt, weshalb für Frau Ernst die Chancen, auf diesem Weg zum Ziel zu gelangen, höher anzusiedeln sind, als wenn sie sich mit einem Telefongespräch abspeisen lässt.

■ Beispiel 22: Die improvisierte Präsentation

■ Situation

Frau Scheffler ist seit fünf Jahren als Personalchefin eines internationalen Unternehmens in Italien tätig. Zu Beginn ihrer Tätigkeit beauftragt sie einige ihrer italienischen Mitarbeiter, eine Präsentation über ein Personalthema für ein Meeting vorzubereiten. Frau Scheffler gibt ihnen diesen Arbeitsauftrag bereits einige Wochen bevor das Treffen angesetzt ist. Drei Tage vor dem Meeting fragt sie nach, ob ihre Mitarbeiter ihr schon eine vorläufige Präsentation schicken könnten, damit sie sich diese durchsehen kann. Daraufhin erhält sie die Antwort, dass die Präsentation ja erst in drei Tagen sei und sie damit noch nicht fertig seien. Sie fragt nicht mehr nach und will abwarten, was dabei herauskommt. In dem nicht unwichtigen Meeting improvisieren ihre Mitarbeiter dann völlig. Sie haben keine computergestützte Präsentation vorbereitet. Mit dem Thema hatten sie sich jedoch augenscheinlich auseinandergesetzt, weil ihr Vortrag sehr gut durchdacht war. Frau Scheffler ist dennoch verärgert, dass ihre Mitarbeiter trotz ihrer Anweisungen keine Präsentation vorbereitet haben. Sie kann dieses Verhalten nicht verstehen.

Wie lässt sich dieses Verhalten erklären?

– Lesen Sie nun die Antwortalternativen nacheinander durch.
– Bestimmen Sie den Erklärungswert jeder Antwortalternative für die gegebene Situation und kreuzen Sie ihn auf der darunter liegenden Skala entsprechend an. Es ist möglich, dass mehrere Antwortalternativen den gleichen Erklärungswert besitzen.

165

■ Deutungen

a) Die Mitarbeiter von Frau Scheffler haben sich zwar mit dem Thema auseinandergesetzt, aber in Italien ist es unüblich, eine große Präsentation vorzubereiten.

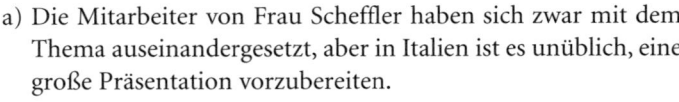

| sehr zutreffend | eher zutreffend | eher nicht zutreffend | nicht zutreffend |

b) Der flexible Umgang mit Zeit führt oft dazu, dass Aufgaben nicht termingerecht erledigt werden.

| sehr zutreffend | eher zutreffend | eher nicht zutreffend | nicht zutreffend |

c) In Italien setzt man sich mit einem Problem erst auseinander, wenn es unumgänglich ist. Man bereitet nicht schon Tage vorher etwas vor.

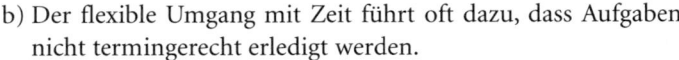

| sehr zutreffend | eher zutreffend | eher nicht zutreffend | nicht zutreffend |

d) Die Mitarbeiter haben die Wichtigkeit ihres Anliegens nicht verstanden, weil Frau Scheffler sie nur einmal und beinahe nebenbei darauf angesprochen hat.

| sehr zutreffend | eher zutreffend | eher nicht zutreffend | nicht zutreffend |

– Versuchen Sie, Ihre Einstufung jeder Antwortalternative zu begründen. Halten Sie die Begründung in schriftlicher Form stichpunktartig fest.
– Lesen Sie nun die Erläuterungen zu jeder Antwortalternative und vergleichen Sie diese mit Ihren eigenen Begründungen.

166

■ Bedeutungen

Erläuterung zu a):

In der Tat werden in Italien eher selten Folien, Flipcharts oder gar Präsentationen vorbereitet. Viele Deutsche drücken ihre Verwunderung über diese Tatsache aus. Sie gehen von ihrem planorientierten Verhalten aus und sind es gewöhnt, dass Präsentationsmedien zu jedem Meeting vorbereitet werden. In Italien ist dies jedoch anders. Meistens hält sich der Redner nur an sein Thesenpapier, falls er das überhaupt benötigt. Italiener sind Meister der Kommunikation und Selbstdarstellung. Sie inszenieren sich gern selbst, wobei eine rhetorisch geschliffene Wortwahl mehr zählt als ein aufwändiges Medium. Es ist also durchaus denkbar, dass die Mitarbeiter von Frau Scheffler es nicht gewöhnt sind, Präsentationen auszuarbeiten. Sie wollen ihre mangelnde Kompetenz vielleicht nicht eingestehen oder sehen die Notwendigkeit einer Präsentation nicht gegeben und zögern die Ausarbeitung so lange wie möglich hinaus. Diese Herangehensweise ist auf den vorliegenden Fall zwar als durchaus zutreffend anzusehen, in seinem Erklärungswert überwiegt dennoch ein anderer Aspekt.

Erläuterung zu b):

Italiener gehen mit Terminabsprachen flexibler um als Deutsche. Sie zeichnen sich durch kurzfristige Zeitplanungen und flexibles Zeitmanagement aus. Es liegt ihnen fern, ihren Arbeitstag minutiös durchzuplanen. Deutsche hingegen legen großen Wert auf Pünktlichkeit und eine detaillierte Zeitplanung. In Italien verlaufen beispielsweise Projekte in der Anfangsphase meist relativ schleppend, und Italiener nehmen sich für scheinbar unwichtige Aufgaben viel Zeit. Das Gesamtbild wird oft aus den Augen verloren, so dass am Ende häufig ein enormer Termindruck entsteht. Aber auch dann verlieren Italiener nicht die Ruhe. In unserem Beispiel mag dieser Aspekt durchaus eine Rolle spielen. Die fehlende Präsentation und der improvisierte Vortrag können so aber nicht vollständig erklärt werden, da Italiener wenn nötig auch Überstunden einlegen, um das geforderte Arbeitspensum zu erfüllen.

Erläuterung zu c):

Italiener setzen sich mit einem Hindernis in der Regel erst auseinander, wenn es wirklich zur unumgänglichen Barriere geworden ist, die ein Weiterkommen behindert. So wird nicht schon nach Lösungen für Probleme gesucht, die eventuell in der Zukunft auftauchen könnten, wie es die Manier der Deutschen ist. In Italien plant man weniger. Vielmehr werden in der gerade anstehenden und somit aktuellen Situation spontan Entscheidungen getroffen und kreative Lösungen gefunden. »L'arte d'arrangiarsi«, die Kunst, sich zu helfen zu wissen, beherrscht der Italiener wie kein anderer. Italiener sind Meister darin, um die Ecke zu denken und unkonventionelle Methoden anzuwenden. So haben sich auch die Mitarbeiter von Frau Scheffler vermutlich drei Tage vor der Präsentation noch nicht großartig mit dem Thema auseinandergesetzt, da es für sie an Dringlichkeit noch mangelte. Sie wussten, dass sie sich auf ihre Begabung des »arrangiarsi« verlassen können und einer Improvisation während des Meetings nichts im Wege steht. Vor dem kulturhistorischen Hintergrund umschreibt diese Antwortalternative das gezeigte Verhalten am Besten.

Erläuterung zu d):

Um in Italien die Wichtigkeit eines Anliegens zu verdeutlichen, ist es nötig, mehr als einmal nachzufragen und seine Wünsche mit Nachdruck darzulegen. Italiener sind sehr emotionale Menschen, die ihre Meinungen lautstark und mit großem rhetorischen Talent darstellen. Geschieht es, wie im Fall von Frau Scheffler, dass nur einmal und dann noch dazu fast nebenbei nachgefragt wird, wie denn der Stand der Vorbereitungen sei, wird die Dringlichkeit ihrer Aufgabenstellung für italienische Mitarbeiter nicht klar. Sie sind vehementere Kommunikation gewöhnt. Erfolg versprechender ist es, explizit den Wichtigkeits- bzw. Dringlichkeitsfaktor auf der persönlichen Ebene herauszustellen. Damit fühlt sich ein Italiener auf der Beziehungsebene angesprochen, was, wie in anderen Themenbereichen gezeigt, Zugzwang mit sich bringt. Hinzu kommt, dass in italienischen Unternehmen eine starke Kontrolle der Mitarbeiter durch ihre Vorgesetzten stattfindet. Jeder Arbeitsauftrag wird mündlich mitgeteilt und genau erklärt. Eigenständiges Arbeiten und Entscheidungs-findung auf Mitarbeiterebene lässt sich nur selten finden. So mag das vorliegende Verhalten der Italiener neben einer unterschied-lichen Kommunikationserwartung noch auf mangelnde Kon-trollausübung zurückzuführen sein. Die Botschaft für die Mitar-beiter war demnach, dass die Präsentation für Frau Scheffler nicht so wichtig sein kann, da sie ansonsten mehr Energie inves-tiert und sich mit ihren Mitarbeitern intensiver auseinanderge-setzt hätte. In unserem Fall gibt es aber noch eine umfassendere Erklärung für das gezeigte Verhalten.

– Beantworten Sie bitte folgende Frage: Wie würden Sie sich in einer ähnlichen Situation verhalten? Halten Sie ihre Gedanken in schriftlicher Form fest.

■ Lösungsstrategie

Neben der Tatsache, dass sich ausgearbeitete Präsentationen in italienischen Meetings tatsächlich selten bis gar nicht finden las-sen, setzen sich Italiener mit Problemen und Aufträgen erst aus-einander, wenn sie unmittelbar bevorstehen und eine Konfron-tation unumgänglich geworden ist. Dabei verlassen sie sich auf ihr rhetorisches Talent, ihre Fähigkeiten zur Selbstdarstellung und ihre immense Kreativität, die ihnen erlaubt, auch mit un-konventionellen Methoden immer ans Ziel zu gelangen. Sollte Frau Scheffler besonderen Wert auf eine ausgearbeitete Präsen-tation legen, so wäre es ratsam, sich immer wieder und mit Nach-druck nach dem aktuellen Stand der Vorbereitungen zu erkundi-gen. Falls die Aufgabe wichtig ist und unmittelbar benötigt wird, muss dies sehr eindringlich klar gemacht werden. Geschieht dies in einem persönlichen Kontakt und nicht in Form von E-Mails so wird den Italienern die Wichtigkeit des Anliegens von Frau Scheffler deutlicher und bewegt sie eher dazu, die Fähigkeit des »arrangiarsi« außen vor zu lassen und dem Wunsch ihrer Vorge-setzten nachzukommen.

Wie Frau Scheffler jedoch in der vorgestellten Situation erfah-ren konnte, haben sich ihre Mitarbeiter trotz fehlender Präsentation mit dem Thema auseinandergesetzt und sich ausführlich eingearbeitet. Sie haben die geforderten Punkte auf eine professionelle Art und Weise vorgetragen und das Meeting interessant, informativ und abwechslungsreich gestaltet. Italienern ist es oft nicht so wichtig, wie sie zu einem bestimmten Ergebnis gekommen sind. Die Hauptsache ist, dass sie es erreicht und bei ihrer Umwelt einen guten Eindruck hinterlassen haben. Frau Scheffler könnte in der beschriebenen Situation die zwar nicht ganz ihren deutschen Vorstellungen entsprechende, aber dennoch sehr gelungene Präsentation loben. So würde sie die »bella figura« ihrer Mitarbeiter so wie ihre eigene aufwerten und einen Schritt in Richtung vertrauensvoller Zusammenarbeit machen. Lob und Komplimente würden ihr von ihren italienischen Mitarbeitern sehr hoch angerechnet werden. Der Schlüssel zu einer erfolgreichen Zusammenarbeit und der Möglichkeit, seine Mitarbeiter Neuerungen gegenüber aufgeschlossen vorzufinden, liegt wie so oft in dem Aufbau einer vertrauensvollen Beziehung. Die Mitarbeiter müssen das Gefühl haben, dass sie auf ihre Vorgesetzte zählen können und dass diese Interesse an ihrer Abteilung hat. Als Führungskraft kann man Punkte sammeln, wenn man sich ab und an nach der Familie eines Mitarbeiters erkundigt und auch aus dem eigenen Privatleben manches mit in das Unternehmen nimmt. An dieser Stelle muss man als Deutscher auf die strikte Trennung beruflichen und privaten Lebens, wie sie sich in unserem Kulturkreis findet, teilweise verzichten. Dennoch sollte nicht vergessen werden, die Grenzen der hierarchischen Ebenen trotz einer positiven Arbeitsatmosphäre zu wahren. Auf Basis einer sich entwickelnden guten Beziehungsebene werden die Mitarbeiter womöglich den Wünschen von Frau Scheffler zukünftig adäquater nachkommen.

■ Kulturelle Verankerung von »Emotionalität«

Der Kulturstandard der »Emotionalität« hängt mit dem italienischen Identitätsbewusstsein, der »bella figura«, eng zusammen und lässt sich zum Teil von diesem ableiten. Die »bella figura« besteht neben dem modebewussten und eleganten Auftreten

170

auch aus hoch geschätzten Eigenschaften der Selbstdarstellung wie Theatralik, Verbaldramatik und Übertreibungen. Italiener inszenieren sich gern und lieben es, im Mittelpunkt zu stehen. Sie können eine ganze Runde von Kollegen problemlos mit ihrem Witz und ihrem Charme unterhalten und zum Lachen bringen. Ihre Selbstsicherheit und ihr Gespür für ihre Mitmenschen sind dabei besonders bewundernswert. Sie sind wie Schauspieler, die das Leben in all seinen Facetten als Bühne nutzen. Doch wie jede Medaille hat auch diese eine Rückseite. Setzt man sich in der Kommunikation mit aller Energie, großen Gesten und Reden ein, so kann es schnell passieren, dass die glänzende Selbstdarstellung in emotionsgeladene Gefühlsausbrüche umschlägt. Beispielhaft hierfür sind die Wutausbrüche italienischer Firmenchefs oder der in Filmen zuhauf karikierten italienischen Matronen. Sie machen ihrem Ärger lautstark Luft und nach fünf Minuten ist alles wieder vergessen. Man umarmt sich und es ist keine Spur einer etwaigen Auseinandersetzung mehr zu bemerken. Auf den ersten Blick erscheint es nun so, als ob der Kulturstandard der »bella figura« und der der »Emotionalität« in Widerspruch zueinander stünden. Denn wer seinen Gefühlen derart impulsiv und oft beleidigend für sein Gegenüber freien Lauf lässt, macht nach unserem deutschen Eindruck bei Leibe eine »brutta figura« und würde in nächster Zeit gemieden werden. Man würde sich beleidigt zeigen und auf eine Entschuldigung warten. Anders in Italien. Dort werden die emotionalen Entladungen der Mitmenschen toleriert und nicht nachtragend geahndet. Nach einem Streit haben beide Parteien alles gesagt, was nötig war, und so ist für Italiener kein Grund mehr gegeben, die Auseinandersetzung noch im Raum stehen zu lassen und das zwischenmenschliche Klima zu belasten. Dies steht wiederum in Zusammenhang mit der Beziehungsorientierung in der italienischen Kultur. Nur durch die Aufrechterhaltung einer positiven Atmosphäre und der Herausbildung einer gemeinsamen, von Vertrauen geprägten Beziehungsebene lässt sich ein Netzwerk aufbauen, auf das man sich in allen Lebenslagen beziehen und dessen Hilfe man in Anspruch nehmen kann. Das Gegenüber wird respektiert und ihm wird Wertschätzung entgegengebracht. Freiräume werden zugestanden, um sich diese auch selbst nehmen zu können. Einmischung in das Leben anderer Personen ist in Italien unüblich. Dieses Gewähren von Freiräumen und der verständnisvolle Umgang mit den Fehlern anderer Menschen lässt sich in der Redewendung »Leben und leben lassen« anschaulich zusammenfassen. Auch im Bezug auf spontane und sehr emotionale Ausbrüche lässt sich dieser Satz anwenden. Man weiß, dass einem selbst eine ähnliche Situation widerfahren könnte, in der man sich nicht mehr unter Kontrolle hat. Deshalb wird auch auf die Emotionalität der Mitmenschen nicht beleidigt oder nachtragend reagiert, sondern sie wird zur Kenntnis genommen und, nachdem der Rauch verzogen ist, schnell wieder vergessen. So bleibt immer eine Atmosphäre des allgemeinen Wohlbefindens bestehen.

Die Emotionalität der Italiener zeigt sich jedoch nicht nur in impulsiven und intensiven Gefühlsausbrüchen, sondern auch in spontanem, emotionsgeleiteten und unvermittelten Reagieren auf Situationen und spontanem Treffen von Entscheidungen. Sie sind Meister in der »arte d'arrangiarsi« und beherrschen sie bis zur Perfektion. Auf ein Problem wird erst reagiert, wenn es unmittelbar bevorsteht. Ist es unumgänglich geworden, sich damit auseinander zu setzen, so reagieren Italiener mit einer bewundernswerten Kreativität, Spontanität und der Anwendung unkonventioneller Methoden. Liegt ein Auftrag, den sie zu bearbeiten haben, noch in weiter Ferne, so beginnen sie nicht schon Wochen vorher damit, sich ein planvolles Vorgehen zurechtzulegen. Sie denken erst kurz vorher über ihre Strategie im Umgang mit dieser Anforderung nach und meistern sie zumeist mit Bravour. In Verbindung bringen lässt sich diese herausragende Fähigkeit der Italiener mit dem im Ausland so hoch geschätzten »dolce vita« des mediterranen Landes. Sie wissen das Leben zu genießen und belasten sich nicht mit unnötigen Sorgen. Neben der Lebensart, welche Essen, Trinken und weitere Vergnügungen umfasst, leistet auch der spontane und fast spielerische Umgang mit Problemen seinen Beitrag zur Süße des Lebens.

Die positiven Aspekte dieses Kulturstandards sind sicher in der italienischen Improvisationsfähigkeit zu sehen. Kann ein Problem nicht mit zur Verfügung stehenden Möglichkeiten gelöst werden, zeigt sich die Stärke der Italiener. Mit ihrem Einfallsreichtum und ihrer Fähigkeit, um Ecken zu denken, bringen sie innovative und kreative Vorschläge auf den Tisch, die auf breite Bewunderung stoßen. Auch die emotionalen Gefühlsausbrüche und die spontane Begeisterungsfähigkeit der Italiener sind durchaus positiv zu bewerten. Sie lassen sich von Projekten mitreißen und stecken viel Energie in ihre Umsetzung. Nach Streitigkeiten ist die Arbeitsatmosphäre nicht durch nachtragendes Verhalten gestört, wodurch die Arbeitserledigung nicht behindert wird.

Die Kehrseite des beschriebenen Kulturstandards stellt allerdings die Tatsache dar, dass anfängliche Begeisterung auf Seiten der Italiener schnell ins Gegenteil umschlagen kann. Geplante Projekte werden so oft nicht in die Tat umgesetzt, obwohl sie sich vielversprechend angebahnt haben. Auch wird von vielen Deutschen bemängelt, dass ein strukturiertes und systematisches Bearbeiten von Aufgaben in italienischen Betrieben schwer implementiert werden kann.

■ Exkurs 1: Bürokratismus

Fast in jedem Land der Welt beklagen sich die Bürger über den ihrer Meinung nach in ihrer Heimat ausufernden und schwerfälligen Bürokratismus. Witze und persönliche Geschichten zum Thema Bürokratie kursieren und der öffentliche Dienst erntet nur allzu oft Verachtung und Spott. Alles sei überbürokratisiert, es bestünde ein Dschungel aus lauter Regelungen und Vorschriften, in dem man sich nicht mehr orientieren könne. Besonders als Ausländer sieht man sich in seiner Wahlheimat plötzlich mit bürokratischen Anforderungen konfrontiert, mit denen man zu Hause nie in Berührung gekommen ist. Man hat sich durch eine Unmenge von Formularen und Anträgen zu kämpfen und pendelt in den ersten Wochen des Auslandsaufenthaltes nur zwischen Einwohnermeldeamt, Ausländerbehörde und Polizei hin und her. Obwohl sich Bürokratismus nicht als eigene kulturell handlungswirksame Orientierung herauskristallisiert hat (Siegl 2005), soll aus den eben angesprochenen Gründen an dieser Stelle ein Exkurs zur Veranschaulichung der italienischen Bürokratie eingeschoben werden. Anhand von Beispielen wird versucht, Verhaltensvorschläge zu geben und den Bürokratismus in Italien kulturhistorisch zu verankern.

Vergleicht man die Bürokratie Italiens mit der anderer nord- und mitteleuropäischer Länder, so zeigt sich, dass die Überbürokratisierung hier enorme Ausmaße angenommen hat. Und das in einem Land, in dem der Verwaltung unter einer krisengebeutelten Regierung eine enorme Bedeutung zukommt. So sah man sich in Italien beispielsweise vierzig Jahre nach Beendigung des Zweiten Weltkrieges noch hunderttausenden von unerledigten Schadensfällen gegenüber, während Staaten wie Frankreich oder

174

die Bundesrepublik Deutschland die Bearbeitung schon Jahre zuvor abgeschlossen hatten (Wieser u. Spotts, 1983).

Im Vergleich zu Deutschland existieren in Italien drei- bis viermal so viele Gesetze. Anstatt Anweisungen oder Verordnungen herauszugeben, die zur Beschleunigung vieler behördlicher Schritte beitragen könnten, werden immer wieder neue und kompliziertere Gesetze verabschiedet. Als italienischer Bürger oder Deutscher, der in Italien ansässig werden will, sieht man sich einer Unmenge von Regelungen gegenüber, die eingehalten werden wollen. Die Überregulierung beschränkt sich aber nicht nur auf das öffentliche Leben, sondern findet sich auch im wirtschaftlichen Bereich. Ein Deutscher berichtet beispielsweise, dass er mit jedem Mitarbeiter jährlich ein dreistündiges Gespräch zu führen habe. Ihm seien diese Gespräche in Deutschland immer sehr am Herzen gelegen, da er durch sie die Möglichkeit hatte, sich über das allgemeine Befinden seiner Mitarbeiter und ihre Arbeitszufriedenheit ein Bild zu machen. In der italienischen Niederlassung seiner Firma gehe jedoch ein Großteil dieser gemeinsamen Zeit durch das Ausfüllen einer Unmenge von Formularen verloren. Es überrascht, dass der persönliche Kontakt, der den Italienern besonders wichtig ist, dadurch auf der Strecke bleibt. Erklären lässt sich die Nutzung dieses Gespräches zur Erledigung bürokratischer Formalitäten einerseits durch die Tatsache, dass für Italiener die wichtige Kommunikation mit Vorgesetzten nicht in einem einzigen standardisierten Jahresgespräch stattfindet. Andererseits stellt sich an dieser Stelle dennoch die Frage, wie sich die ausufernde italienische Bürokratie kulturhistorisch erklären lässt.

Wie bereits ausführlich erläutert, konnte sich Italien im Laufe seiner Geschichte nie auf einen funktionierenden Staat verlassen Über Jahrhunderte war es von Fremdherrschaft geprägt. Doch auch nach seiner Nationalstaatwerdung besserte sich das Verhältnis zwischen dem Staat und seinen Bürgern nicht wesentlich. Den politischen Führungskreis durchziehen Korruption, Betrug und Ineffizienz. Die Bürger misstrauen ihrem Staat und den Beamten. Sie sehen sich aufgrund der Unzuverlässigkeit ihrer Regierungen gezwungen, ihre Anliegen selbst in die Hand zu nehmen. Diese Notwendigkeit resultierte in der Herausbildung der

Familie als alleinige Entscheidungsinstanz. Auf sie kann man sich in jeder Lebenslage verlassen. Sie schützt einen vor der Außenwelt, verlangt im Gegenzug jedoch absolute Loyalität. Innerhalb der Familie hält man sich an einen strengen Verhaltenscodex, der geprägt ist von Vertrauen, Zusammenhalt und Ehre. Doch außerhalb des schützenden Nestes der Familie zeigt sich der Italiener als Egoist und Individualist. Er versucht mit allen Methoden, das Beste für sich und seine Familie zu erreichen. Regeln und Gesetze werden umgangen. Der Staat wird nicht als Autorität anerkannt und mit Geringschätzung behandelt. Entscheidungen und Gesetzesbeschlüsse werden nur selektiv akzeptiert, nämlich dann, wenn sie mit dem über Jahrhunderte herausgebildeten informellen Regelsystem der italienischen Bürger bzw. dem familiären Verhaltenscodex übereinstimmen und nur eine nachträgliche offizielle Reglementierung derselben darstellen. Im Gegenzug führt das gesetzeswidrige Verhalten der italienischen Bürger dazu, dass der Staat durch den Beschluss neuer Gesetze versucht, das regelwidrige Verhalten der Italiener in den Griff zu bekommen. Es ergibt sich ein Teufelskreis. Das mangelnde Vertrauen der Italiener in ihren Staat und die Reglementierungsversuche der Regierungen treffen aufeinander und schaukeln sich gegenseitig hoch. Daraus ergibt sich die enorme Überbürokratisierung, die das gesellschaftliche und berufliche Leben Italiens prägt.

Das Misstrauen in staatliche Instanzen wird noch weiter geschürt durch inkonsequentes Verhalten bei der Kontrolle und Bestrafung gesetzeswidrigen Verhaltens. Statt einer generellen Ahndung jedes Verstoßes werden stichprobenartige Kontrollen durchgeführt. Sie ziehen unverhältnismäßig schwere Strafen als Exempel für den Rest der Bevölkerung nach sich.

Erschwerend kommt noch ein weiterer Punkt hinzu, das Beamtentum. Barzini (1964, S. 126) bezeichnet es als »ungeduldig, arrogant, hastig, unwissend, voller Gleichgültigkeit gegenüber den Schwierigkeiten anderer Menschen, unverschämt und manchmal korrupt«. Nur allzu oft nutzen die italienischen Beamten ihre Machtposition aus, scheinen vorsätzlich langsam zu arbeiten und behandeln den Bürger als Bittsteller. Sie legen Vorschriften willkürlich aus. Information dringt zu den Bürgern nur spärlich durch. So berichten viele Deutsche, dass von ihnen, bei-

176

spielsweise im Rahmen der Neugründung eines Unternehmens in Italien, über Jahre hinweg immer wieder verschiedene Dokumente eingefordert wurden. Eine vollständige Auflistung aller notwendigen Unterlagen wurde nie zur Verfügung gestellt. Nach und nach erfolgten Hinweise auf nachzureichende Akten und noch weitere zu stellende Anträge, die erneut eine Papierflut hinter sich herzogen. Dieser hinhaltende Formalismus zögerte beispielsweise die Inbetriebnahme einer in Italien gegründeten Niederlassung eines deutschen Unternehmens um drei Jahre hinaus. Daran zeigt sich, dass italienische Beamte die bürokratische Prozedur an sich in den Vordergrund rücken und dabei den sachlichen Zweck zu vergessen scheinen (Wieser u. Spotts, 1983).

Italiener wissen schon lange, dass der direkte Dienstweg sehr beschwerlich und langwierig ist und greifen daher auf die Methode der persönlichen Empfehlung, der »Raccomandazione« zurück. Für sich spricht auch die Tatsache, dass zu diesem Zweck sogar lange Zeit Formulare vom italienischen Staatsverlag gedruckt wurden. Will man also oft schon in kleinen Belangen eine unproblematische und beschleunigte Lösung erreichen, so sollte man sich in Italien einen offiziellen Vermittler oder Berater anstellen, der sich effizienter durch den Behördendschungel kämpfen kann. Diese Beschleunigung liegt oft nicht an der besseren Kenntnis gesetzlicher Vorschriften, sondern an einem informellen Netzwerk, das dem Berater, jedoch nicht dem Deutschen, zur Verfügung steht. So erzählt ein Deutscher, dass er den Bauantrag seines Hauses innerhalb von zwei Wochen genehmigen lassen konnte, weil er sich an den Rat seiner italienischen Bekannten gehalten hat, einen Architekten als Berater in behördlichen Angelegenheiten zu engagieren (Wieser u. Spotts, 1983).

Die Macht der Bürokratie zeigt sich im Formalismus; »ihr passiver Widerstand und ihr lethargisches Beharrungsvermögen bedienen sich der Formalitäten. Pedanterie entspringt nicht einem lückenlosen Pflichtbewusstsein, sondern dient der Selbstdarstellung bürokratischer oder nationaler Macht« (Wieser u. Spotts, 1983, S. 129f.). Durch derart überbürokratisches Verhalten und Paragraphenreiterei wollen Beamte oft nur ihre Macht demonstrieren. Besonders in Situationen, in denen die Gunst des Antragsstellers für den jeweiligen Beamten von Vorteil ist, wird dies deutlich. Plötzlich ist dann eine flexible Auslegung von zuvor sehr streng gehandhabten Regeln möglich. Auch verfolgt ein Hinauszögern der Entscheidung in manchen Regionen Italiens, wie beispielsweise im Süden, noch den Zweck der Erwartung einer Extra-Zahlung.

Die Ineffizienz der italienischen Verwaltung lässt sich zum einen auf das immer noch aktive Erbe der Vereinigung des Landes, auf die »hierarchische Starrheit des Zentralismus« (S. 130), zurückführen. Es besteht eine strenge vertikale Gliederung und Kompetenzen werden nicht nach unten delegiert. Als Resultat zeigt sich eine Struktur von voneinander abgespaltenen Abteilungen und Ministerien. Fast die Hälfte ihrer Zeit verbringen Beamte mit Selbstverwaltung, woraus sich mitunter ihr Immobilismus ergibt. Die Stufen der Karriereleiter innerhalb des Verwaltungsapparats orientieren sich weniger an Leistungen, vielmehr wird hier nach dem Anciennitätsprinzip vorgegangen (Wieser u. Spotts, 1983).

Zum anderen scheinen die Verhaltensweisen italienischer Beamter teilweise aus dem generellen Misstrauen, das Italiener in ihre Mitmenschen hegen, zu resultieren. Die Hauptursache ist aber erneut in dem distanzierten Verhältnis der Italiener zu ihrem Staat zu suchen. Das Beamtentum macht hier keine Ausnahme. Sie sehen sich selbst nicht als verlängerten Arm der Staatsgewalt, sondern als kleine Könige in ihrem eigenen Machtbereich, den sie nach ihren Vorstellungen gestalten und zu ihrem eigenen Vorteil und dem ihres persönlichen Netzwerkes nutzen können. Sie sehen sich gern in dieser machtvollen Position und lassen diese den Bürger auch spüren.

Sieht man sich als Deutscher der italienischen Bürokratie gegenüber, so ist zunächst einmal Geduld angesagt. Hat man das Gefühl, von einem Beamten zum Beispiel auf dem Einwohnermeldeamt oder der Ausländerbehörde durch extreme Gesetzestreue schikaniert zu werden, indem man beispielsweise bei jedem weiteren Besuch erneut auf ein noch fehlendes Dokument aufmerksam gemacht wird, obwohl von einem solchen noch nie die Rede war, so sollte man dennoch versuchen, die Regeln des Anstands und der Höflichkeit zu wahren. Verärgert auf einen Beamten zuzugehen, kratzt an seiner »bella figura« und führt lediglich

178

dazu, dass er seine Macht noch mehr ausspielen wird. Hier gilt es, sich an die ungeschriebenen Spielregeln zu halten. Dazu gehört auch, dass man Ratschläge, wie sich beispielsweise die Unterstützung von Beratern zu holen, ernst nimmt. Es existieren in Italien sogar Dienstleistungsagenturen, die sich gegen Bezahlung anstelle der Bürger mit dem Beamtenschimmel herumschlagen (Wöltje, 2003). Dadurch lassen sich monate- bis jahrelange Verfahren um vieles verkürzen. Von Vorteil ist diese Herangehensweise schon allein durch die Tatsache, dass es in italienischen Ämtern kaum ein Beamter vermag, Englisch zu sprechen. Selbst in der Ausländerbehörde in Rom stößt man mit Englisch nur auf taube Ohren, wie eine Deutsche aus eigener Erfahrung berichtet. Die beste Lösung stellt natürlich erneut, wie in so vielen Bereichen des italienischen Lebens, sei es auf politischer, gesellschaftlicher oder wirtschaftlicher Ebene, die Herausbildung eigener Netzwerke und Beziehungen dar. Sitzt ein Bekannter oder eine wohl gesonnene Person an entscheidender Stelle, so stellen selbst komplizierte und langwierige Verfahren kein Problem mehr dar.

■ Exkurs 2:
Regionale Disparität Italiens

Regionale Unterschiede und ein ausgeprägtes Nord-Süd-Gefälle sind für viele Länder charakteristisch. Sie finden sich vor allem dann, wenn ein Teil des Landes mit der Industrialisierung Schritt gehalten hat und der andere agrikulturell geprägt blieb. Disparität zeigt sich beispielsweise in mitteleuropäischen Ländern wie Frankreich, Großbritannien und auch Deutschland. Unterschiedliche geographische, klimatische, aber auch historische, gesellschaftliche, soziale und politische Entwicklungen und Gegebenheiten prägen das Bild. Die Besonderheit im Hinblick auf Italien findet sich in der Tiefe des Gegensatzes und in der bis zum heutigen Tage unverminderten Schwierigkeit, ihn zu überwinden. Während eben angesprochene Länder sich dennoch als nationale Einheit begreifen und über ihre Verschiedenheit hinwegsehen können, gestaltet sich die Situation in Italien anders.

Zwischen dem fortschrittlichen und hochindustrialisierten Dreieck Mailand-Turin-Genua und dem ländlich geprägten armen Süden besteht eine seit Jahrhunderten andauernde gegenseitige Abneigung. Für einige beginnt der »Mezzogiorno« schon auf der Höhe von Rom, andere sehen seine südlichste Grenze auf der Höhe von Neapel.

Politisch gesehen war das Land über einen langen Zeitraum hinweg dreigeteilt, in Ober- Mittel- und Süditalien (Altgeld u. Lill, 2004). Jeweils andere Machthaber beherrschten die Regionen. Anfang des 16. Jahrhunderts ist der italienische Norden unter französischer Fremdherrschaft, der Süden unter spanischer. Das Bild Mittelitaliens wird neben einer Anzahl selbstständiger Staaten durch den Kirchenstaat geprägt. In Folge des Aachener Friedens von 1748 stellt sich eine Verlagerung der Machtverhältnisse ein. Der Norden fällt nun an die österreichischen Habsburger, der Süden an die Bourbonen (Altgeld u. Lill, 2004). Nach zahlreichen weiteren Kriegen, Eroberungen und Umstürzen, welche Siegl (2005) ausführlich darstellt, wird Victor Emanuel II. am 14. März 1861 König eines vereinten Italien. Erstmalig sieht sich das italienische Volk unter einer gemeinsamen Herrscherfamilie als geographische und teilweise auch politische Einheit.

Letztere ist jedoch bis zum heutigen Tage in Frage zu stellen. Die italienische Bevölkerung definiert sich nicht als nationale Einheit; eine Tatsache, die im italienischen »campanillismo« besonders deutlich zu Tage tritt. Sie sehen sich selbst als Bürger ihrer Region und definieren ihre Identität historisch und ethnisch nicht mit ihrem erst ein Jahrhundert alten Einheitsstaat (Wieser u. Spotts, 1983). Vielmehr sehen sie ihre gemeinsame Geschichte durch kulturelle Hochzeiten geprägt. Während Turin und Piemont im März 1861 noch dafür stimmten, dass Victor Emanuel II. den Titel des Königs von Italien annehmen soll, um so eine Einheit Italiens zu forcieren, lassen sich heute gegenteilige Bestrebungen erkennen (Baacke u. Fracasso, 1992). Heute will Turin von den Südstaatlern, die es auf der Suche nach Arbeitsplätzen in Scharen in den Norden zieht, nichts mehr wissen. Großzügige Verpachtungen und die Möglichkeit der künstlichen Bewässerung ebneten den Bewohnern der Po-Ebene bereits im 17. Jahrhundert den Weg zum Agrarkapitalismus. Demgegenüber verarmte das Volk im Süden aufgrund der Einführung der Latifundienwirtschaft durch die spanischen Machthaber immer mehr und der Nord-Süd-Gegensatz verfestigte sich. Bis zum heutigen Tage wandern jährlich viele Süditaliener in den Norden ihres Landes, um dort Arbeit zu finden. In den siebziger Jahren wurden sie im Norden in ghettoähnlichen Vierteln zusammengepfercht (Baacke u. Fracasso, 1992). Baacke und Fracasso (1992) sehen darin die Ursache zahlreicher sozialer Spannungen, des Anarchismus und Terrorismus. Zwar wurde beispielsweise im Zuge der Ansiedlung des Autowerks Alfa-Sud in Neapel versucht, eine Modernisierung des Südens voranzutreiben, dies misslang jedoch hauptsächlich aufgrund fehlender Infrastruktur. Das angespannte und ungleiche Verhältnis zwischen Nord und Süd bleibt bestehen (vgl. dazu Lill, 1988). Noch heute bezeichnen

Norditaliener ihre Landsmänner aus dem »Mezzogiorno« als »cafoni« oder »terroni«, was wörtlich übersetzt so viel bedeutet wie »Dreckfresser« oder in abgemilderter Form »Bauerntölpel«.

Eine Benachteiligung des italienischen Südens lässt sich auch im Sozialisationsprozess von Kindern und Jugendlichen finden (vgl. de Pieri u. Tonolo, 1990, S. 121ff., 156ff.). Im Vergleich zu ihrer Altersgruppe im Norden Italiens ist ein langsamerer Verlauf der kognitiven Entwicklung bei Kindern im Alter von 14 Jahren festzustellen. Dies dürfte vermutlich zu Lasten eines unvollständig ausgebauten Schulsystems gehen (vgl. de Pieri u. Tonolo, 1990).

Die inoffizielle Spaltung des Landes führt dazu, dass sich auch kulturelle Orientierungen teilweise in unterschiedlicher Art entwickelt haben. Eben bearbeitetes Trainingsprogramm ist in seiner Gesamtheit gleichermaßen in allen Regionen Italiens anzuwenden. Trotz aller Unterschiedlichkeiten, die sich kulturhistorisch belegen und verständlich machen lassen, zeigte sich, dass vergleichbare kritische Interaktionssituationen in ganz Italien zu finden sind. Der Unterschied zwischen Deutschen und Italienern wird mit der regionalen Distanz immer größer. Intensität und Ausprägungsstärke der italienischen Kulturstandards treten in südlichen Regionen mehr in den Vordergrund. Das alltägliche Leben konzentriert sich noch mehr auf die Familie und auf den Beziehungsaufbau, Regeln werden nur noch als Verhaltensvorschläge angesehen, die hierarchischen Strukturen sind extremer ausgeprägt als in nördlicheren Gebieten und auch die »bella figura« und Emotionalität lassen sich in hervorstechender Art und Weise antreffen. Doch trotz aller Gemeinsamkeiten lassen sich auch Unterschiede finden. Religiosität spielt im Leben der Süditaliener eine zentrale Rolle. Der allwöchentliche Gottesdienst ist eine Pflicht und kirchliche Feiertage werden groß mit der ganzen Verwandtschaft gefeiert. Unverheiratet, sozusagen in »wilder Ehe« zusammenzuleben, ist für junge Süditaliener undenkbar. Selbst in langjährigen Beziehungen ist es den teilweise dreißigjährigen, zu Hause lebenden Kindern nicht möglich, sich mit ihrem Lebenspartner hinter einer geschlossenen Zimmertür aufzuhalten.

Eine enorme Angst vor der im Norden zwar berüchtigten, aber wenig gefürchteten Mafia bestimmt das alltägliche Leben des italienischen Südens. Eine Bewohnerin Kalabriens erzählt, dass ein

italienischer Unternehmer ihrer Stadt, der sich zu Bezirkstags-
wahlen aufstellen ließ, von seinen Angestellten verlangte, ihre
Passnummer und Unterschrift auf einer extra dafür bereitgestell-
ten Liste einzutragen. So war es ihm möglich, gegebenenfalls die
Loyalität seiner Mitarbeiter im Bezug auf ein Votum zu seinen
Gunsten zu überprüfen. Eine Verweigerung der Eintragung
könnte diverse Probleme sowohl für den Mitarbeiter als auch seine Familie nach sich ziehen. Inoffiziell ist in der Bevölkerung ein
breites Wissen bezüglich mafiöser Machenschaften und Strukturen vorhanden. Dennoch wagt es niemand, damit an die Öffent-
lichkeit zu treten, da sein gesamtes Umfeld mit Sanktionen zu
rechnen haben würde.

Der Gegensatz zwischen dem italienischen Norden und Süden
besteht bereits seit Jahrhunderten. Allen sozialen Umbrüchen
zum Trotz ist die Spannung dieses Gefälles bis heute bestehen
geblieben.

■ Kurze Zusammenfassung

■ Kulturstandard Familienorientierung (familismo)

- Wichtigkeit des familiären Zusammenhalts und Beisammenseins
- Kompensation staatlicher Versäumnisse durch die Familie
- Vertrauen nur im engsten Familien- und Freundeskreis
- Erweiterung der Kernfamilie durch sehr enge Freunde
- traditionelle Rollenverteilung und klar geregelte hierarchische Struktur innerhalb der Familie

■ Kulturstandard Beziehungsorientierung

- Beziehungsaufbau und persönliche Kontaktaufnahme zur Herstellung eines höheren Maßes an Vertrauen, zum Abbau der generellen Vorsicht im Umgang mit unbekannten Personen und zur Schaffung von Verbindlichkeit
- Unmöglichkeit einer längerfristigen und gleichgestellten Zusammenarbeit ohne persönliche Kontaktaufnahme und gegenseitiges Kennenlernen
- klare Grenze bezüglich privater Themen
- kontinuierliches Bestreben, eine harmonische und kameradschaftliche Atmosphäre herzustellen
- Aufbau, Ausbau und Pflege eines Beziehungsnetzwerks, um Ziele schneller und leichter zu erreichen und eigene Pläne umzusetzen

■ Kulturstandard Flexibler Umgang mit Regeln

- Einhaltung von Regeln, wenn es in der jeweiligen Situation sinnvoll erscheint, wenn es dem eigenen Vorteil dient oder wenn Strafe droht
- Befolgung des entwickelten informellen, außerstaatlichen Regelsystems
- flexibler Umgang mit Zeit

■ Kulturstandard Hierarchieorientierung

- Treffen von Entscheidungen, Demonstration von Macht und Ausübung von Kontrolle durch den Vorgesetzten
- Ausführung von Anweisungen und keine oder nur sehr ungern Verantwortungsübernahme durch die Mitarbeiter
- Ausdruck von Respekt gegenüber der Führungskraft mittels dementsprechenden Umgangsformen
- traditionelle Rollenverteilung innerhalb der Unternehmenshierarchie

■ Kulturstandard Identitätsbewusstsein (bella figura)

- Bedeutsamkeit des äußeren Erscheinungsbildes
- Wichtigkeit von gutem Benehmen, Bildung und Verhaltensweisen, die Wertschätzung gegenüber dem Interaktionspartner ausdrücken
- Geselligkeit und Gastfreundlichkeit
- Wert legen auf Ernährungsstil
- Bestreben, eine »bella figura« zu machen und die des Gegenübers zu wahren
- Repräsentation der »bella figura« der gesamten Familie durch das Verhalten jedes einzelnen Mitglieds

▇ Kulturstandard Emotionalität

- impulsive, emotionale und intensive Gefühlsausbrüche
- emotionsgeleitete und unmittelbare Reaktion auf die jeweilige Situation und spontanes Treffen von Entscheidungen

Zusammenhangsstruktur der italienischen Kulturstandards

Der im Zentrum stehende Kulturstandard ist der »*familismo*«. Neben dem »*familismo*« besteht die »*bella figura*« als ein weiterer sehr zentraler Kulturstandard.

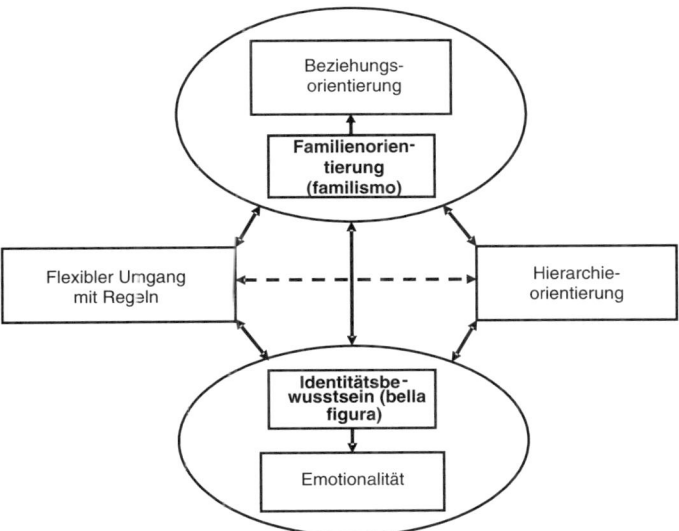

Direkt aus dem »*familismo*« ergibt sich die *Beziehungsorientierung*. Beide bedingen sich gegenseitig und stehen in sehr engem Zusammenhang. Durch die starke Familienorientierung und somit die klare Konzentration des sozialen Bezugssystems auf wenige vertraute Personen ergibt sich zwangsläufig die Notwendigkeit des Beziehungsaufbaus zu den nicht zum Familienclan gehörigen Mitmenschen. Da durch die starke Familienbindung und den ausge-

187

prägten Familienzusammenhalt gegenüber der Allgemeinheit nur wenig Verbindlichkeit und Verantwortungsgefühl existiert, ist es umso wichtiger, ein funktionierendes und vertrauensvolles Beziehungsnetzwerk zu besitzen. Nur so kann das sehr individualistische gesellschaftliche Leben in Italien funktionieren. Die Familie bietet gegenseitige Unterstützung und somit Überlebenssicherung. Aufgrund der starken Identifikation mit der Familie ist es für Personen und Gruppen wichtig, ein feinmaschiges Beziehungsnetz aufzubauen, um eigene Pläne umsetzen und Ziele schneller bzw. leichter erreichen zu können. Hierzu ist jedoch eine ausgeprägte und zeitaufwändige Beziehungspflege notwendig. Der »familismo« und die sich daraus ergebende Beziehungsorientierung stellen in Italien somit übergeordnete Kulturstandards dar.

Sehr eng mit diesen beiden kulturellen Orientierungen ist der flexible Umgang mit Regeln verbunden. Da in Italien nie wirklich Verlass auf den Staat war und die italienische Bevölkerung nichts von ihm zu erwarten hatte, entwickelte sich eine ausgeprägte Gleichgültigkeit und Verdrossenheit gegenüber dem Staat. Dies führte wiederum dazu, dass die Verbindlichkeit gegenüber dem Staat sehr gering ausgeprägt ist und dieser zugunsten der eigenen Familie oder eines funktionierenden Beziehungssystems unterlaufen und aufgegeben wurde. Da jedoch ein friedliches gesellschaftliches Zusammenleben ohne Regeln undenkbar ist, entwickelte sich neben dem staatlichen ein informelles Regelsystem. Dieses Regelsystem, welches größere Verbindlichkeit genießt als staatliche Vorschriften und Gesetze, bestimmt bis heute die grundlegende Interaktion zwischen den verschiedenen Interessengruppen der Gesellschaft.

Die ausgeprägte Hierarchieorientierung der Italiener ist in engem Zusammenhang zu den Kulturstandards des »familismo« und der Beziehungsorientierung zu sehen. Durch die bis heute bestehenden staatlichen Versäumnisse und die Wichtigkeit des Familienclans konnten die strengen hierarchischen Strukturen in Italien fortdauern. In den verschiedenen Lebensbereichen ist eine klare Rollenverteilung zu beobachten. Innerhalb der Familie nimmt die »mamma« zwar bis heute eine sehr zentrale Rolle ein und ist zuständig für die Kindererziehung, die Küche, den Haushalt und den Zusammenhalt der Familie. Der italienische Ehemann ist aber unanfechtbares Familienoberhaupt und besitzt die Entscheidungsbefugnis. Seine führende Rolle kommt auch außerhalb der Familie zum Tragen, indem er diese ernährt und repräsentiert. Innerhalb des klientelären Netzwerkes ist derjenige der Mächtige und hierarchisch Überlegene, der die besten Beziehungen pflegt und somit vielen anderen Mitmenschen Dinge ermöglichen kann. Auch im Unternehmen besteht eine ausgeprägte hierarchische Struktur. An der Spitze steht derjenige, der es am besten versteht, Beziehungen zugunsten des eigenen oder Unternehmensvorteils zu nutzen und in zwischenmenschlicher Hinsicht hohes Ansehen durch sein soziales Geschick besitzt.

Weiterhin eng verbunden mit dem »*familismo*« und der *Beziehungsorientierung* ist die »*bella figura*«. Die Voraussetzung dafür, die Familie adäquat nach außen repräsentieren und nützliche Beziehungen aufbauen zu können, ist, sich selbst angemessen darstellen zu können und einen guten Eindruck zu hinterlassen. Wer eine gute Figur macht, kann stabilen und verlässlichen Kontakt zu seinen Mitmenschen herstellen, was grundlegend für jegliche Form der Zusammenarbeit ist. Nur wenn jedes Mitglied die Familie adäquat repräsentiert und in einem gesellschaftlich gewünschten Bild erscheinen lässt, ist der Anschluss an ein funktionierendes Beziehungsnetzwerk gewährleistet. Niemand will Kontakt mit Personen, die eine »brutta figura« machen. Aus diesem Grund wird großer Wert auf Selbstdarstellung gelegt. Jedes Mitglied muss die Familie adäquat repräsentieren und sich im Beziehungsgefüge eine anerkannte Stellung sichern.

Als sehr eng mit der »*bella figura*« verbunden und sich aus ihr ergebend ist die *Emotionalität* der Italiener zu verstehen. Sie kann über die »*bella figura*« mit dem »*familismo*« und auch mit der *Beziehungsorientierung* in Verbindung gebracht werden.

Ein sehr starker Zusammenhang besteht zwischen »*bella figura*« und der *Emotionalität* der Italiener. Durch die starke Aufmerksamkeit, die der Italiener der Beziehungspflege schenkt und somit der enormen Beziehungsarbeit, die während der Kommunikation geleistet wird, kann es dazu kommen, dass der starke persönliche Einsatz und die Präsenz in intensive *Emotionalität* übergehen. In der Interaktion mit Mitmenschen, die in das eigene Beziehungsnetzwerk eingegliedert werden sollen, spielt die sich aus der »*bella figura*« ergebende Selbstdarstellung eine bedeutende Rolle. Um sich adäquat zum Ausdruck bringen zu können, befindet sich bei jeglicher Kommunikation der ganze Körper in einem auffällig ausgeprägten Aktivitätszustand. Dies führt dazu, dass Italiener oft derart bei der Sache sind, dass es zu emotionalen Ausbrüchen kommt. Dies stößt jedoch zumeist auf Akzeptanz, da jeder mit vollem Einsatz interagiert und somit emotionale Entladungen kennt. Persönliche Beschimpfungen im Zuge der Gefühlsausbrüche, die ein deutscher Beobachter schlimmer wahrnimmt als ein Italiener, sind schnell wieder vergessen.

Zwischen *Hierarchieorientierung* und »*bella figura*« ist ebenfalls ein Zusammenhang zu erkennen. Soziale Kompetenz, die stark durch die »*bella figura*« und die permanente Investition in Beziehungsnetzwerke geprägt ist, kann innerhalb des hierarchischen Gefüges ein ausschlaggebender Faktor sein. Nur wer geschickt verhandeln kann, sich adäquat präsentiert und ein Feingefühl für zwischenmenschliche Beziehungen entwickelt, kann im Hierarchiegefüge weit oben landen. Hierzu gehört ein perfektes äußeres Erscheinungsbild, welches genauso zu einer »*bella figura*« gehört wie sich gebildet und gut erzogen zu zeigen. Sich im Sinne der hoch geschätzten rhetorischen Tradition ausdrücken zu können, sich im Rahmen von Geselligkeit inszenieren zu können und in der Interaktion die »*bella figura*« des Gegenübers zu wahren wissen, stellen weitere wichtige Elemente dar. Das Talent, eine »*bella figura*« machen zu können, sollte vor allem bei hierarchisch Höhergestellten ausgeprägt sein, da es sich hierbei um eine grundlegende Fähigkeit handelt, um im Beruf erfolgreich zu sein.

Zwischen der »*bella figura*« und dem *flexiblem Umgang mit Regeln* ist insofern ein Zusammenhang zu erkennen, dass der Italiener in Verbindung mit Regeln oft mit Behörden und Ordnungshütern in Kontakt tritt. Gelingt es, einen guten Eindruck zu machen und vor allem die »*bella figura*« des Gegenübers besonders herauszustellen, kann im Kontakt mit Behörden oder anderen staatlichen Institutionen viel erreicht werden. So können Strafen umgangen und Dokumente schneller erhalten werden. Betitelungen und übertriebene Höflichkeit, welche die »*bella figura*« des Interaktionspartners unterstreichen, wirken in diesem Zusammenhang Wunder.

190

■ Literaturempfehlungen

Barzini, L. (1977). Die Italiener. Frankfurt am Main: Fischer Taschenbuch Verlag.
Luigi Barzini zeichnet das Bild der Geschichte seines Volkes mit einem ironischen und spöttischen Unterton. Ein Buch, das zum Lächeln über die italienischen Eigenheiten bringt, die den Deutschen so lieb geworden sind.
Eco, U. (2003). Mein verrücktes Italien. Berlin: Wagenbach.
»Mein verrücktes Italien« versammelt einen Querschnitt aus Ecos feuilletonistischem Schaffen der letzten vierzig Jahre. Das Buch bietet Essays, Polemiken und Parodien zu den verschiedensten Themenfeldern. Die Essays zur italienischen Politik der neunziger Jahre werden hier erstmalig in deutscher Sprache vorgelegt.
Klüver, H. (2002). Gebrauchsanweisung für Italien. München: Piper.
Was essen die Italiener, wenn die Mamma keine Lust auf Pizza und Pasta hat? Und warum tragen fast alle unsere Schuhe das Gütesiegel Made in Italy? Henning Klüver weiß es. Mit leichter Hand widmet er sich den ureigensten Domänen der Italiener: der Familie und der Mafia, der Mode und der Piazza, der Kirche und dem guten Essen. Er kennt den Unterschied zwischen Osteria und Ristorante, weiß, warum die italienische Innenpolitik einer Daily Soap in nichts nachsteht und wieso schon lange kein Italiener mehr ohne Handy auskommt.
Polaczek, D. (1999). Geliebtes Chaos Italien. München: Koehler & Amelang.
Der Autor wendet sich direkt an den Leser bei seiner Führung durch die Unwirtlichkeiten des südlichen Chaos in allen Lebensbereichen. Therapeutisch umsichtig schreibt er vor allem für jene Nordländer, die besonders in Gefahr sind, an akuter Italien-Liebe zu erkranken.
Procacci, G. (1989). Geschichte Italiens und der Italiener. München: C. H. Beck.
Übersichtlich und in verständlicher Sprache bringt der Autor den Lesern die Geschichte Italiens nahe, wobei er einen Schwerpunkt auf die Literaturgeschichte des Landes legt.

■ Literatur

Almond, G. A., Verba, S. (1963). The Civic Culture. Political Attitudes and Democracy in Five Nations. Princeton.

Altgeld, W., Lill, R. (2004). Kleine italienische Geschichte. Stuttgart: Philipp Reclam jun.

Baacke, D., Fracasso, I. (1992). Italienische Jugend. Einblicke in Lebenswelt, Lebensräume und Kultur. Weinheim: Juventa.

Barzini, L. (1964). The Italians. New York: Atheneum Publishers.

Barzini, L. (1983). Auf die Deutschen kommt es an. Hamburg.

Brüch, A. (2001). Kulturelle Anpassung deutscher Unternehmensmitarbeiter bei Auslandsentsendungen. Frankfurt am Main: Peter Lang.

De Pieri, S., Tonolo, G. (1990). Preadolescenza. Le crescite nascoste. Approccio interdisciplinare alle problematiche dei preadolescenti in Italia. Rom.

Lill, R. (1988). Geschichte Italiens in der Neuzeit. Darmstadt.

Neudecker, E.-M. (2005). Entwicklung eines Intercultural Sensitizer-Trainings zur Vorbereitung deutscher Fach- und Führungskräfte auf die Zusammenarbeit mit italienischen Partnern. Regensburg: Unveröffentlichte Diplomarbeit.

Piepoli, N. (1997). L'opinione degli italiani. Milano: Istituto CIRM.

Siegl, A. (2005). Ermittlung italienischer Kulturstandards aus Sicht deutscher Fach- und Führungskräfte. Regensburg: Unveröffentlichte Diplomarbeit.

Thomas, A. (1992). Grundriß der Sozialpsychologie. Band 2: Individuum – Gruppe – Gesellschaft. Göttingen: Hogrefe.

Thomas, A. (2003a). Analyse der Handlungswirksamkeit von Kulturstandards. In A. Thomas (Hrsg.), Psychologie interkulturellen Handelns (S. 107–136). Göttingen: Hogrefe.

Thomas, A. (2003b). Psychologie interkulturellen Lernens und Handelns. In A. Thomas (Hrsg.), Kulturvergleichende Psychologie (S. 433–485). Göttingen: Hogrefe.

Thomas, A. (2005). Grundlagen der interkulturellen Psychologie. Nordhausen: Bautz.

Wieser, T., Spotts, F. (1983). Der Fall Italien: Dauerkrise einer schwierigen Demokratie. Frankfurt am Main: Wörner.

Wöltje, O. (2003). Bürokratie und Civic Culture. Verfahrensmäßigkeit im kulturellen Kontext – das Beispiel Italien. Mannheim: Unveröffentlichte Diplomarbeit.